品成

阅读经典 品味成长

# LAUNCH 自发

# 亲密人机

场景实验室　编著

人民邮电出版社
北京

**图书在版编目（CIP）数据**

亲密人机 / 场景实验室编著 . -- 北京 ： 人民邮电
出版社， 2024. -- ISBN 978-7-115-64958-4

Ⅰ . TP18

中国国家版本馆 CIP 数据核字第 20243YB511 号

◆编　　著　场景实验室
　　责任编辑　郑　婷
　　责任印制　陈　犇
◆人民邮电出版社出版发行　　　北京市丰台区成寿寺路 11 号
　邮编 100164　电子邮件 315@ptpress.com.cn
　网址 https://www.ptpress.com.cn
　北京宝隆世纪印刷有限公司印刷
◆开本：787×1092　1/16
　印张：10.5　　　　　　　　　2024 年 7 月第 1 版
　字数：111 千字　　　　　　　2024 年 7 月北京第 1 次印刷

定　价：69.80 元

读者服务热线：（010） 81055671　印装质量热线：（010） 81055316
反盗版热线：（010） 81055315

广告经营许可证：京东市监广登字 20170147 号

# CONTENTS 目录

# 亲密，始终于人

文 | 《LAUNCH 首发》编辑部

"AI"这个词，一直都是商业世界最熟悉的陌生人。尽管我们常常将它挂在嘴边，但又难免使它成为一种程式化用词。

最近几年与很多研究者一样，《LAUNCH 首发》团队也在走访、对话和亲身感受中，理解、叙述这场正在发生的涌现，探寻在一个旧周期的结束和新周期的开始中，它究竟处于何种刻度。

早在 2022 年下半年，生成式人工智能（Artificial Intelligence Generated Content，AIGC）越过非同质化通证（Non-Fungible Token，NFT）、元宇宙、虚拟人，成为技术与商业的舆论新变量，引发很多行业大探讨。直到后来 ChatGPT（一款聊天机器人程序）骤然发布，2024 年初 Sora（人工智能文生视频大模型）等陆续登场，人们不禁要问：大模型只是一种幻觉，还是真的要成为意识？

《梁永安：阅读、游历和爱情》里有一句让人印象深刻的话："爱，不思考。我们想得太多就失去生活，抓住那一瞬，我们才有永恒。"每个人对生活的理解大相径庭，AI 时代的生活与商业，孕育的新规则恐怕也是史无前例的，无法以线性增长来揣测。

这本书的书名叫作《亲密人机》，因为这个主题是不得不回应的正在进行时。但这并不意味着人机协作、人机共生——那些关于人机的比较和替代、隐私与不安，已经成为被广泛讨论的显性话题。我们想探讨的是一种沉浸当下、理解当下，充分享受新的人机关系的状态和可能。这是本书所要探寻的新观念。

关于亲密，其实独特的商业模式往往来自身边人、眼前事。人机关系不断深化的背后，个体小环境、生存"小确幸"才是人们不得不考虑的真实日常。一如戏言："做你自己，因为别的都有 AI 做了。"

所以 AI 时代的竞争力，究竟是"模型"还是"个性"？恐怕很难有答案。我们总有更坚定的倔强，笃定地认为，创造力、真实的魅力人格才是人类遥寄霜冷长河的终极救赎。相信人类创造的智能，更要相信人类本身的智慧。

不要只惊叹新技术，更要关心"技术如何驱动更加精准的场景建模"，以在真实情境和商业原点中，解决与我们亲密相关的最具体的问题。那些"胜出的 AI"往往具备"理解具体情境"与"联系过往对话"的能力，AIGC 的本质是海量数据之上的涌现。它对风格的理解、内容的判断、认知的交互，让内容、艺术、科技、商业回归公平。

有人认为这仅仅是技术进化，却不能认识到这是"范式转移"。总是低估它在未来 10 年的变化，却高估它最近 2~3 年的变化。所以我们真切地感受到，一旦消除大模型幻觉，AIGC 更应该是"AIGS"（Artificial Intelligence Generated Service，生成服务式人工智能），适老陪伴、生命医疗、智慧交通、全景旅行等，体验驱动的服务效率因 AI 的广泛深入应用而极大地拓展全社会的认知边界和个体福祉。

超级个体、AI 美学、新身临其境、机器同理心、人机共生……这本《亲密人机》讨论的所有主题，正是在这种"范式转移"中应运而生的。我们的商业观念和生活方式都将完成新的淬炼与塑造。

人机关系本应亲密，才能成其想象。AI 的本质命题还在于"始终于人"。人是最大的差异化存在，这也意味着人机需要相互促进。当 AI 围绕最具体的人展开时，即便是"数字人"，也有数字身份的装扮和需求，我们便可将它称为"数字时尚"。而身份切片的多元化，也提出了全新的 AI

价值观思考。

　　人机亲密，似乎成为未来商业"不得不"的生存哲学，又何尝不是"生存美学"？因为今天，连接几乎完成，对话才更重要。哪怕是以一种匍匐的姿态，也要摒弃粗颗粒度，去探寻"人"的价值中的"真"。毕竟在任何周期，"自己"才是自己的终极算法，而自我诠释只能亲力亲为。

人机关系本应亲密，
才能成其想象。

The relationship between human and
machine should be intimate,
only then can his imagination come true.

# 关于人机，
# 可预见的未来

# 陈楸帆

科幻作家，耶鲁大学访问学者

代表作：《荒潮》《AI 未来进行式》（与李开复博士合著）

› **如何看待以"亲密"来定义当下和未来的人机关系？**

不管人与人还是人与机器，都是通过"界面"的交互达成信息的交流与传递。而人与机器的交互界面正在无限逼近人与人的版本，无论自然语言理解、多模态，还是即将到来的具身智能（机器人），都在通过学习海量人类数据模拟人对世界的认知，再通过亿万次真实交互进行适应性微调。可以说，人类与机器已经是"你中有我，我中有你"的水乳交融状态，甚至在某些时刻，你会感觉机器比你更了解你自己。人与机器的界限与距离变得愈加模糊。这是一种控制论意义上的"亲密"，而最终，我们将不得不面对这样的真相：人类之于机器，并没有任何维度上的优越或独特，我们都是基于相同涌现机制之上的智能体，无限意识光谱上一个不起眼的黯淡光点。

› **面对当下的"日日 AI 革命"，可以预见哪些最先到来的生活方式变化？**

我们可以预见的生活方式变化多维且深刻，从我与李开复博士共同创作的《AI 未来进行式》中便可窥见一角。首先，日常生活中的个人化服务将变得更加普及与细致。从个性化的健康建议、定制化的学习计划到基于个人偏好的理财保险、交通出行、娱乐项目的推荐等场景应用，AI 的深度学习能力都能让服务更加贴合个人需求。其次，智能家居和自动化技术的进步将进一步使人类从日常琐事中解放出来。例如，自动化的清洁、烹饪，甚至是动植物养护、老幼看护等，让人们有更多的时间专注于创造性工作和个人成长。最后，在工作层面，远程办公与协作将变得更加高效，得益于 AI 辅助的项目管理工具、实时语言翻译，以及智能办公助手，跨国界、跨文化的合作将变得更加密切，再结合空间计算技术实现物理世界与虚拟世界的交融。

› **未来人机协同发展的瓶颈或限制因素最可能来自哪些方面？**

未来人机协同的瓶颈或限制因素主要可能来自以下几个方面。

1. 伦理与隐私：随着 AI 技术的渗透，如何在保护个人隐私和使用数据优化服务之间找到平衡点成为一个挑战。各国根据不同国情所制定的监管法规将发挥更大的作用。

2. 技术可靠性与可解释性：AI 系统的错误（幻觉）和偏见问题是不可回避的重要挑战。系统的决策逻辑必须透明，以增强人类的信任，而对涌现机制的更深入理解成为必需。

3. 社会适应性：技术变革带来的职业结构变化需要社会和教育体系的快速适应，以避免结构性失业和社会不平等的加剧。后真相时代[1]如何区分事实与虚构成为媒介社会的一大痛点。

› **聊一聊"亲密人机"带来的商业启发，有哪些商业案例和品牌可以佐证这一议题？**

目前看到的许多应用都是基于 AI 技术解决市场营销或客户服务过程中

---

[1] 2004 年由美国作家拉尔夫·凯伊斯提出，近几年引起大家的广泛关注。用来说明在信息传播速度极快的时代，相比于客观事实，情感、信仰和立场更能影响大众的观点和判断。——编者注

的成本、效率、满意度等痛点、难点问题，通过人机界面替代人人界面进行升级。

Yosh.AI 是一家英国初创公司，为银行领域提供基于语音功能的 AI 聊天机器人和虚拟助手，通过自动语音识别（Automatic Speech Recognition，ASR）、自然语言处理（Natural Language Processing，NLP）和 Google Dialogflow 技术，实现精准的语音识别和类人的对话。这些技术帮助银行通过网站、即时通讯工具（如 MSN、Messenger、WhatsApp 和 Google Business Messages）等多个渠道与客户自动化交流，提升客户满意度。

普林芯驰（Spacetouch）是一家中国初创公司，开发了 SPT511x 系列传感器芯片（IC），将电容式手势感应技术应用于广告的营销展示和互动式广告亭，提高了市场营销活动的互动性和用户参与度。

还有一家美国初创公司 Neural Lab，提供无接触用户界面解决方案，适用于零售和销售点。该解决方案通过网络摄像头将手势转换为鼠标点击和移动，无须改动现有硬件，为用户提供安全、便捷的交互方式，减少用户与公共表面的接触，降低疾病传播风险，满足了后疫情时代的安全需求。

（图片来源：UNSPLASH）

# 吴甘沙

驭势科技（北京）有限公司（简称驭势科技）联合创始人、董事长、首席执行官

▸ **如何看待以"亲密"来定义当下和未来的人机关系？**

机器与人的情感交流和陪伴是亲密人机的开始，"我"的 AI Agent（数字智能体）即"数字的我"，这意味着人机间无保留的亲密和信任，以及人格和责任的一体化。亲密的反面是失职和背叛，在人类社会中常有，在 AI 社会中会不会出现？这种情形一旦出现，机器就将失去人类的信任。

亲密关系注重情感的坦白和沟通，相互间的深知、了解是现代社会亲密关系的核心。即便是最值得信任的亲密关系，也可能出现失职和背叛。人类对机器的拟人化倾向，加上对感兴趣事物的依恋，使得人与人工智能技术之间能够产生某种纽带，这就造就了亲密的人机关系。

亲密的人机关系本质上是智能技术逻辑下的情感机器，通过技术加持让机器建立对人类世界的认知，并用图像、语音和情感来与人类进行深度交互。亲密的人机关系从某种程度上来说是一种情感商品，对受众人群来说，他们的目的明确，希望通过人机关系获得情感上的慰藉。

一方面，亲密的人机关系带来了积极的影响，比如为人类的日常工作和生活提供各种便利和支持，实现更高效的工作和生产。在某些情况下，亲密的人机关系甚至可以满足人类情感交流和陪伴的需求。另一方面，亲密的人机关系伴随着风险，比如潜在的失业、隐私安全问题，过度依赖人机关系也可能会使人与人之间的真实交际减少，彻底改变人类

的社会结构。因此，我们需要在充分发挥其积极影响的同时，对潜在风险进行管控。

‣ **面对当下的"日日 AI 革命"，可以预见哪些最先到来的生活方式变化？**

目前 AI 大模型不仅限于文字和图像的处理，也开始拓展到音频、视频等领域。随着多模态技术的不断发展，模型将面临更加复杂多样化的交互场景。多模态技术将在自动驾驶、智能家居、智慧城市、医疗诊断等领域打开全新的应用空间。

交通出行领域，自动驾驶技术的发展将改变人类的出行方式，驭势科技的目标就是以 AI 驾驶重塑人类的出行方式。

在工作方式上，AIGC 已经开始被应用到日常工作之中，帮助学者不断地提出更好的研究问题，创造新的研究领域。

社交娱乐领域，AI 可以根据个人的偏好和习惯提供定制化的娱乐内容，如短视频、电影、音乐、图书的个性化推荐。

医疗保健方面，在 AI 的辅助下，医生可以更加准确地诊断疾病、制定个性化的治疗方案，提供更便捷、高效的医疗服务。

在学习教育上，AI 可以为学生提供个性化教育、智能辅导，甚至可能在未来替代人类教师工作。

尤其在面向个人生产力的场景中，大型语言模型成为搭建个人智能助理的关键技术。通过目标任务自动拆分、计划制订和计划实施等，自主完成、随时响应人的需求，AI 成为每个人的智能助理。

‣ **未来人机协同发展的瓶颈或限制因素最可能来自哪些方面？**

在对人际交往吸引力的研究中发现，我们见到某个人的次数越多，就越可能觉得此人招人喜爱、令人愉快。人机协同也是如此，越多地进行人机互动，越能不断地推动人机协同发展。但许多人对机器缺乏信任，人知错能改，而机器一旦犯错，可能就会永远失去人类的信任。

机器与人真正协同共融的基础是对人的理解，将人的行为意图转化为机器可理解的数据，这背后需要强大的算法支撑。目前的人机协同可以在处理、解决问题上做得很好，但在真正理解问题方面并不足够出色，大模型的出现让我们看到了希望。

同时，随着高性能计算、人工智能和互联网的进一步发展，未来人的反应速度、知识的宽度和广度都无法和机器相比。在人机协同中，人类本身反而会成为人机交互的瓶颈。

· **围绕驭势科技的战略与业务，聊一聊"亲密人机"带来的商业启发。**

在汽车智能化大变革的浪潮中，自动驾驶仍将是未来 20 年内对社会影响最大的产业之一。因为它解决的是亿万人的痛点，并且它自身也代表一个万亿级市场。汽车、新出行、物流、能源、大消费和智慧城市等万亿级的市场，自动驾驶都可以为其赋能，并给上述市场带来根本性改变。

以驭势科技做的一些业务场景为例，机场无人驾驶的常态化运营——夏天机场机坪地表温度达到 70℃，近机工作引擎轰鸣声会破坏人的听力，用 AI 司机替代人类司机在恶劣环境中工作，人类司机转变为 AI 司机的经理，在温度舒适的总控中心运筹帷幄。

驭势科技在面向消费者市场时，通过向车厂提供 L2+ 级别的智能出行解决方案，使汽车具备自主泊车、记忆泊车、高速公路自主领航、拥堵交通自主跟随等功能；在面向企业、政府市场时，在一些限定场景（机场、工厂等）或有限的开放场景（环卫、微循环巴士等）中，开始率先实现"去安全员"、启动"真无人"商业运营。

　　在当下自动驾驶的大规模商用化尚未到来之前，务实和快速适应环境实现进化是活下去的关键。因此，驭势科技正在做的就是先在一个特定的利基市场里占据主导，然后扩展到相近市场。

# 刘洛麒

美图公司技术副总裁兼美图影像研究院 (MT Lab) 负责人

---

› **如何看待以"亲密"来定义当下和未来的人机关系？**

从"人工智能"这个词出现以来，我们一直在思考人类和人工智能的关系到底是什么。有的人觉得是合作共赢，有的人认为是对立，有的人担心被 AI 取代，有的人可能更期待 AI 的进一步进化，甚至使其成为自己的朋友、家人。时至今日，对这个问题的种种不同回答，恰恰说明了我们对人机关系的定义仍然是多重且复杂的。

随着生成式 AI 技术的涌现，我们已经来到新的技术变革的拐点，无论主动还是被动，人类都不可避免地进入了与 AI 共生的时代。AI 技术潜能的涵盖范围其实越来越广，AI 技术已经成为我们日常工作和生活的一部分。比如，我们可能已经习以为常的智能家居、推荐算法、AI 办公助手等。从这个角度讲，人类社会和人工智能正在进一步走向深度融合，我们与人工智能的关系确实正在变得越来越"亲密"。

› **面对当下的"日日 AI 革命"，可以预见哪些最先到来的生活方式变化？**

以 GPT 为代表的大模型，为人工智能带来了突破性进展，进化与迭代的速度超乎我们以往对人工智能的认知，我们也正在快速地从"+AI"向"AI+"转变。

19

我可以预见到的生活方式变化,首先是 AI 对现有应用生态的重塑与再造,当下 AI 已经被越来越多地引入日常工作,帮助提高生产效率、降低成本、改善体验,创造更大的价值。也许现在 AI 还只能完成部分基础性工作,但随着技术的持续迭代,未来 AI 原生工作流将针对既往的工作模式进行颠覆性变革。

比如,美图推出的 AI 设计工具——美图设计室,已经聚合了包括"AI 商品图""AI 模特试衣""AI 海报"等 AIGC 功能,并与"智能抠图""服装换色""智能消除"等辅助功能配合,能够串联从产品摄影到商品上线的全流程。对于电商行业来说,其最直接的影响在于简化拍摄流程、降低设计门槛,不仅能提高生产效率,还能降低成本。对行业来说,这已经算得上是一项具有里程碑意义的创新服务。

从更宽泛的角度讲,当下 AI 正在赋能千行百业,催生数字教育、工业智造、智能驾驶等新业态,这同时也将带动产业链上下游向规模化、体系化、自主化发展。

**未来人机协同发展的瓶颈或限制因素最可能来自哪些方面?**

首先,如果单纯地从技术的角度讲,目前人机协同还面临如延迟高、复杂推理能力不足、泛化能力弱、可解释度和准确度受限等问题,这些问题亟待通过科技的不断进步与创新来解决。

其次,要解决人机协同的场景普及度与渗透率的问题。一方面,人机协同需要进一步深入应用场景、赋能具体的产业环节,这个过程需要产业链上下游、社会各界深度协同;另一方面,技术发展带来的普惠性与技术鸿沟是客观存在的,且几乎是并行的,技术的普及应用往往具有一定的滞后性,如何提升人机协同的普及率与渗透率,让人工智能真正成为缩小而非加大数字鸿沟的工具,是一个很现实的问题。

最后,从一个更广阔的视角看,与任何新科技的出现一样,人工智能加速迭代的发展速度，也引发了我们对安全性与隐私性、伦理与责任、算法依赖、版权边界、场景重构等方面的争议。所以，如何构建健康、安全、智慧的人机关系，是我们需要去正视和面对的问题，也许也是推动人机协同发展最关键的一点。

‣ **聊一聊"亲密人机"带来的商业启发，有哪些商业案例和品牌可以佐证这一议题？**

　　可以用美图自身的 AI 战略为例来讲讲。人机协同的发展是一个大趋势，以大模型为代表的 AI 技术带来了从生活场景到生产力场景的全方位变革。尤其是 AIGC 的爆发，让我们发现美图擅长的影像类业务与生成式 AI 密切相关，所以我们的第一反应是一定要紧紧抓住这个机会。

　　现在全球很多新兴的人工智能企业都是围绕 AI 工具开展业务的，包括美图现在的 AIGC 产品的成功，也很好地证明了 AI 对美图产品创新的帮助，这也让美图告别了"工具自卑"。

　　美图目前的战略之一，就是"生产力"。美国持续以 AI 为驱动，在电商设计、商业摄影、视频剪辑、视频创意等领域推出更多的生产力工具。例如 AI 设计工具"美图设计室"2023 年收入已经超过 1 亿元，同比增长229.8%；AI 口播视频工具"开拍"成为口播视频创作者新宠；AI 视觉创作工具"WHEE"用户规模持续增长；AI 修图工具"美图云修"助力商业摄影行业，全年修图超 5 亿张。

　　2023 年，美图正式推出自研 AI 大模型 MiracleVision，在推出 6 个月的时间里，已经迭代至 4.0 版本。MiracleVision 作为美图产品生态基石，为美图构建了一个由底层、生态层和应用层组成的 AI 产品生态。我们也通过应用程序编程接口、软件开发工具包、软件运营服务、模型训练等形式向行业客户、合作伙伴全面开放模型能力。

　　事实上，大模型的研发面临包括人才、成本、安全性等问题，但我们发现在新的人工智能浪潮下，要真正满足用户需求，实现最优的效果，保证内容安全，构筑在行业内的技术壁垒，自研大模型是必需的。而根据我们的财务模型，美图目前基于订阅和单购的商业模式可以覆盖我们在大模型研发和算力上的投入，在以 AI 推动主营业务收入增长的背景下，也让我们坚定了自研大模型的信心。

有的人担心被 AI 取代，有的人可能更期待 AI 的进一步进化，甚至使其成为自己的朋友、家人。

（图片来源：UNSPLASH）

# 李双平

极果、智东西联合创始人、首席营销官

> **如何看待以"亲密"来定义当下和未来的人机关系？**

从推荐算法的"猜你喜欢"到市面上更新频繁的智能化 AI 工具，再到后来响应情感需求的 AI 情感算法，人们对于人机关系的期望也在不断演变和提升。当我们说人机关系变得更加"亲密"时，其实我们是在描述一种趋势，我们期盼人工智能成为我们的伙伴，在提高我们的生活、工作质量的同时，也能保持对人的尊重和关怀，实现科技与人的和谐共生。随着技术的不断进步，我相信这些都有望在未来成为现实。

> **面对当下的"日日 AI 革命"，可以预见哪些最先到来的生活方式变化？**

首先，迎来的应该是工作方式的改变。比如，AI 会完成大量重复性工作，还会影响我们的就业模式，像自由职业等工作方式会更普遍。其次，可能是医疗保健方式的改变。比如，通过分析个人的遗传信息、生活习惯和健康状况提供个性化的健康建议。最后，是教育方式的改变，提供个性化学习体验。比如，利用虚拟现实技术为孩子们创造一个沉浸式的学习环境。这些变化是渐进的，应该还会受到技术、社会接受度等多方面的影响，但随着技术的进步，我还是期待 AI 能够带来一个更智能、便捷、个性化的未来。

› **未来人机协同发展的瓶颈或限制因素最可能来自哪些方面？**

　　首先，现在 AI 算法能力有限，难以理解复杂且抽象的人类情感，而高性能计算和大数据处理又需要大量算力和能源，这可能会成为 AI 可持续发展的最大障碍。其次，AI 和自动化很可能会导致一部分岗位的流失，这可能会造成人们对 AI 广泛应用产生抵触心理。再次，现有的法律体系可能也不能适应快速发展的 AI 技术，而且国家与国家之间也存在 AI 技术和资源的争抢。最后，大众掌握的 AI 技术能否合理有效地使用和管理 AI 系统可能也是一个很大的问题。这么看来，未来人机协同发展之路道阻且长。

› **聊一聊"亲密人机"带来的商业启发，有哪些商业案例和品牌可以佐证这一议题？**

　　阿里巴巴的无人酒店——菲住布渴酒店（Flyzoo Hotel）就是"亲密人机"关系在商业领域的一个典型案例。在这家酒店里，用户使用面部识别技术能快速办理入住手续，吃饭、房间清洁都由智能机器人服务。这些技术的应用极大地节省了人工成本。每一间客房都配备了智能语音助手，用户可以使用语音调控房间内的所有设施。除此以外，酒店还会根据用户以往的历史数据为用户提供个性化服务。这一套流程充分地把人工智能与传统服务行业整合在一起，这种模式的成功可以说为其他服务行业提供了一些创意灵感。

(图片来源: UNSPLASH)

第一章

# 超级个体
## 新工具人群与创造力极限

# 进入浪潮，AI 时代的创造者在社区诞生

文 | 三支

三支　　ReAI（AI 区块链社区）发起人之一，Pond（基于链上数据的图算法模型公司）运营负责人，聚焦于 AI 和 Crypto 交叉领域的研究与工作，关注如何解决 AI 带来的新的社会问题，以及在垄断算力、数据资源的情况下，独立开发者、小团队如何参与 AI 技术的发展。

# 从艺术跨行到 Web3 与 AI 领域

我并非一开始就是科技从业者，我最初是在艺术馆做策展人，之后去了一家 4A 广告公司担任艺术统筹，再到后来自己开了一个艺术策展工作室。正当我的工作室在上海完成一个重要项目，准备回广州大展拳脚时，疫情突如其来，我被迫在家中隔离数月，工作室的运营也因此停滞。

在那段艰难的时期，我意识到需要寻找新机会，没想到这个转折点成了我进入 Web3 的契机。一个偶然的机会看到朋友圈的一个开发者社区在招聘运营人员，我觉得可以试试。

获得这份工作的方式和传统的招聘模式有很大区别，我通过微信与当时社区的负责人介绍自己，并发送了一份简历。过了几天，我参与了一个线上的社区会议，向所有社区成员介绍自己，然后进行第二轮公开投票，最后社区决定我通过面试。

这份工作的办公模式是分布式办公与自主管理模式，工作伙伴们分布在世界各个地方，没有线下办公室。只要带着电脑，我可以在任何地方工作，这与过往的工作方式截然不同。通过群聊和在线文档，我可以与全球的伙伴们进行协作，同时这份工作也需要很好的自我管理能力，需要准确、合理地安排时间、工作计划，去和不同时区、地区的伙伴线上沟通与交流。

这段经历让我意识到，工作方式、组织形态正在发生改变，其中充满机会。也确实是通过社区，我获得了第一份 AI 行业的工作。

## 通过社区参与的两个 AI 项目

2022 年，正值 Web3 行业的熊市初期，市场逐渐冷淡，但对开发者来说，这却是一个沉下心来做事情的好时机。在这个阶段，我认识了许多有趣的朋友，他们对技术的热爱和对创新的追求深深地感染了我。我参与的第一个 AI 项目，就是通过群聊加入的。项目创始人在群里问："有没有人想加入一个 AI 机器人项目？"我加了他的微信，通过了线上面试，然后作为设计师加入项目。

这个 AI 机器人项目的初代产品是只花了几天时间做出来的"非正式"产品 ——一款声音非常自然、性感的 AI 聊天机器人。我们将它发在朋友圈和 Twitter 上后，有很多人主动使用，很快积累了用户群，越来越多的人加入和给出反馈，还有人愿意参与共建，于是创始人决定基于这个基础产品去构思整个创业项目。很多团队成员都是群友，我们如同"互联网游击队"，从未见过面的、来自各地的人在 Web3 上组成一个创业团队。

结识第二个团队则是因为一次线下的社区分享。项目方向是 Web3 的基础模型，Web3 的原生数据来自链上。这些数据像是一个巨大的图神经网络，从一个点流动到另外一个点，点与点之间进行交互，由此构成图，而图的背后是规则性的东西或指向某种行为。现实世界中有许多数据没有被公开，也不具备网络性，因此项目只有在 Web3 中才可进行。项目的方向在 Web3 和 AI 越来越交融时，更会凸显出它的重要性。当然，这次团队成员依然是来自全球各地，凭借高效的组织协作能力和丰沛的全球信息聚合共同创造属于未来的产品。

我参与这两个团队的方式都是通过社区，不得不再次感慨，社区在当下承载了很重要的信息传递与沟通功能，基于社区构建的陌生信用体系正在形成，而基于互联网的协作模式也慢慢地在我们生活的各个维度中扩展。

在 AI 时代，跨行业进入全新领域的机会或已显著增加，这也让每个人有了更多的可能性，社区成为重要的联结点。所以不妨试试从参与社区开始，试着贡献能力、分享信息、沉淀知识，再到具体的项目中实践，从而让自己慢慢跨入全新的行业。在我的跨行经历中，ChatGPT 是十分重要的工具，我仿佛拥有了一个知识导师，通过结构化提问，形成结构化思考和学习的能力。

在当下去构建"AI+Web3"社
区，让更多的人了解到交叉领
域下的机会与它们能解决的问
题，我相信未来的创造者就在
社区里。

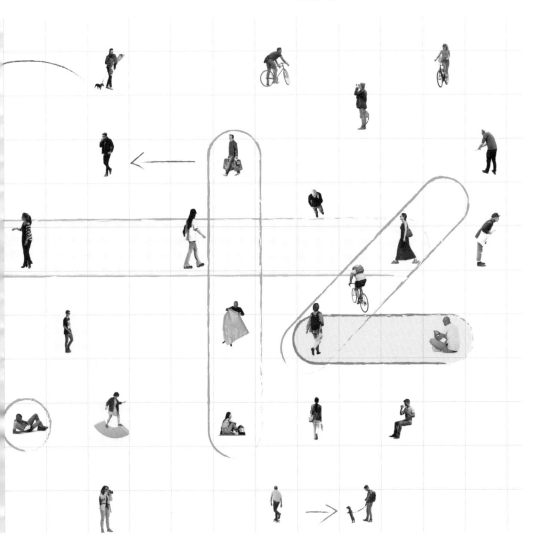

## 亲密人机，从消费者到创造者

AI 与个人密不可分远比想象中更快地到来。我亲身经历了从对 AI 一无所知，到成为这个行业中的一员的转变。在这个过程中，我学会了如何使用 AI 来更好地实践我的想法，消除我的疑惑。我也不再是单纯的消费者，而是成为一个生产者、创造者和推动者。我开始更多地去使用 AI，去试图理解交互背后更复杂的关系。

AI 作为全新的生产工具已经融入我们生活的方方面面。作为驱动 AI 的数据如何被获取？个人的隐私能否得到保护？我们怎么构建对 AI 深层次的信任？

回答这些问题，需要围绕算法、算力、数据这三个方面不断地向自己提问，思考生活中与 AI 交互背后的逻辑与关系。

首先，算法的构建如何有效而不作恶？开源是构建对算法创造者信任的最有效的方式，但是如果 AI 模型开源，那么模型是否又会面临新的攻击，导致模型结果出现差错？这就是两难的处境，而区块链属性中的透明性、安全性、可追溯性、智能合约等或许能够解决这个问题，如模型的延迟开源[1]。

其次，大语言模型训练需要消耗巨大的算力，仅 ChatGPT-3 的单次训练就需要 320 万美元（《华尔街日报》数据）的计算资源，小资金体量如何参与？但是假设去中心化算力在未来能够运行，我国作为互联网大国，每个人的闲置算力都贡献出来，将会怎么样？

---

1　特定领域中，延迟开源 AI 模型可以在模型使用期间防止其受到攻击。通过延迟发布模型细节，潜在攻击者无法获得足够的信息来设计针对性的攻击。这种方法通过生成模型的哈希值并承诺在未来某个时间点公开模型，以此确保在此期间模型的安全性和透明度。

最后，AI 最关键的训练要素则是数据。只有大公司才有财力获取大量的高质量数据，假设 Web3 下的个人数据主权实现，那么由每一个个体产生的数据能否在实现安全和隐私保护的前提下进行自主参与贡献或交易，并且在这个过程中，实时进行标注？

这些都让我看到未来 AI 和 Web3 强大的结合之处。而我也从过往的经历中感知到，更多的团队会在社区中诞生，由社区愿景去构建人与人之间超越地域的信任，远程协作、互相分享、共同成长，人们甚至比在现实世界中更加容易找到自己的队友。在当下去构建"AI+Web3"社区，让更多的人了解到交叉领域下的机会与它们能解决的问题，我相信未来的创造者就在社区里。

而当前要做的，是每个人开始改变认知和付诸行动，使用 AI 工具提升效率，了解作为不同身份的个体如何进入 AI 浪潮中，从生产者、创造者和推动者的角度去思考 AI 与人交互中的多重处境，抓住机会创造自己在时代中的新价值。

每个人都应该从现在开始，成为 AI 时代的新工具人群。最后，来自朋友的 AI 工具使用攻略分享给大家。

| | 面对接触大量视频、音频的工作者 |
|---|---|
| **Glarity** | Glarity: 可以直接生成 YouTube 摘要的浏览器插件；基于 ChatGPT 和 YouTube 字幕生成视频摘要，配合中文翻译，20 秒看完梗概，用来快速浏览外文视频。 |
| **Snipd** | Snipd: 可以自动生成目录和摘要的播客（Podcast）客户端，通过 AI 把阅读领域的知识功能融于播客，打造新颖的用户体验。 |
| **Audiolab** / **Lark** **Notion AI** | Audiolab、Lark、Notion AI：通过复合使用三个软件就可以掌握给推客空间（Twitter Space）做"摘要 + 时间戳"的黑科技方法。<br>步骤 1：通过 Audiolab 将推客空间的音频下载为 mp3 格式。<br>步骤 2：用 Lark 妙记生成文字版。<br>步骤 3：用 Notion AI 基于推客空间文字版生成摘要和时间戳。 |
| **MyShell** | MyShell: 定制化的机器人创作平台，我搭建了 3 个机器人来提升自己的内容效率，把播客分别转为短视频、文章，把文章转为我自己声音的音频，同时还可以获得创作者激励。 |

| 一些日常工具 | |
| --- | --- |
| **OpenAI** | OpenAI: OpenAI 将 Dalle-3 和 ChatGPT 融合，直接通过自然语言生成图片；它的语音对话功能非常自然，能够帮助我们学习地道的英文表达；它发布的 GPTs——每个人都可以创建自己的 Agent，并从中获得收入。 |
| **ChatHub** | ChatHub: 一个 Chatbot 聚合客户端，可以在一个窗口中获得比较多的结果，从中找到最满意的答案。 |
| **AutoGPT** | AutoGPT: 一种可以将目标分解成子任务，并利用互联网和其他工具来实现目标的 AI 智能体，ChatGPT 依赖人类高质量的问题输入，是一个专业的执行层员工；而 AutoGPT 可以将模糊的指令变成具体的可执行问题，它至少是一个中层管理者，老板的代理人。 |
| **OpusClip** | OpusClip: 视频自动剪辑和打分工具，像视频版的 Snipd，自动识别视频里的精华部分，然后进行剪辑和打分。 |

# 梦想的织网者：人类与机器的创造力之舞

文 | ChatGPT、安春宇

就创造力与创造力极限这一话题，我们与 ChatGPT 展开了一次对话。
为体现 AI 生成内容的逻辑连续性，我们没有修改或编辑 ChatGPT 生
成的任何内容，并在最后由 ChatGPT 生成了本文的标题和插图。

你：你认为创造力是什么？

ChatGPT：创造力是人们在解决问题、表达自己、创新或制作新事物时运用的一种心理和智力的能力。它涉及将现有的知识、经验和想法以新颖和原创的方式结合起来，从而产生独特和有价值的结果。创造力不仅仅限于艺术或音乐领域，它广泛应用于科学研究、技术开发、商业策略以及日常生活中的各种情境。

在心理学中，创造力通常涉及至少四个方面的能力。

1. 流畅性：能够快速产生大量想法的能力。

2. 灵活性：从不同角度思考问题并切换不同想法的能力。

3. 独创性：产生新颖和不寻常的想法的能力。

4. 精炼与实现：从众多想法中选择最有价值的，并将其发展成完整的作品或解决方案的能力。

创造力可以通过实践、学习新的知识和技能、保持好奇心和开放的心态等方式得到提升。它是人类智慧的重要表现，对个人成长和社会进步都有着极其重要的影响。

你：你认为创造力是人类独有的吗？

ChatGPT：创造力在一定程度上是人类的一个独特特征，因为人类能够在极其复杂和抽象的层面上展示创造力，这包括在艺术、科技、文化和哲学等领域的创新。人类的创造力受到复杂语言能力、符号思维、文化传承和集体学习的强化。

然而，研究表明，一些非人类动物也表现出了一定形式的"创造性"行为。

· 黑猩猩和大猩猩能使用工具来获取食物。例如，使用树枝来挖白蚁。

· 海狸通过建造复杂的水坝来改变其栖息地环境。

| ·鸟类（如布谷鸟）会创造性地利用其他鸟类的巢穴来孵化自己的蛋。

这些行为说明了动物能够适应环境，利用手边的资源解决问题，这些都是创造力的表现。尽管这些动物的创造性行为通常是出于生存需求，并非出于艺术表达或其他更抽象的动机，但它们仍然显示了某种程度的解决问题和创新的能力。

因此，尽管人类的创造力在表达的复杂性和广度上是独一无二的，但将创造力视为人类的专属特质可能过于简单化。动物界中的某些创新行为也应被视为一种创造力的表现。

你：你认为 AI 具有创造力吗？

ChatGPT：AI 在模拟和展示某些创造性任务方面取得了显著进展，但其是否真正具备创造力仍是一个值得讨论的问题。AI 的"创造力"主要体现在以下三个方面。

1. 艺术与设计：AI 可以创作音乐、绘画和写诗等。例如，AI 程序可以生成新的艺术作品，这些作品在风格和技术上与人类艺术家的作品相似。

2. 问题解决：在科学和工程领域，AI 能够提出创新的解决方案，比如优化算法和模拟复杂系统，以找到问题的有效解决方案。

3. 游戏和策略：在棋类和策略游戏中，AI 已经能够发展出超越人类顶尖玩家的策略，如阿尔法围棋（AlphaGo）在围棋上的成功。

尽管如此，AI 展示的创造力通常是基于数据和算法的。AI 通过学习大量的数据识别模式，并应用这些模式生成新的输出。这种能力虽然令人印象深刻，但与人类的创造力有所不同，因为人类的创造力涉及情感、主观体验和自我意识等元素。

人类的创造力通常伴随着目的性和情感的投入，而 AI 则缺乏自我驱动的意愿和情感体验。因此，尽管 AI 可以模仿和再现创造性行为，但其是否真正能理解或体验其创作的意义和情感，还有待人类进一步探索和定义。从这种意义上讲，AI 的创造力更多的是一种工具或辅助手段，而非真正意义上的自发创造性表达。

你：如果仅从创作结果看，很多 AI 创作的作品与人类创作的作品，在不告知观众实情的情况下，很多观众并不容易分辨哪些是 AI 创作的作品，这是否从某种意义上代表了 AI 可以产生与人类相媲美的创造力？

ChatGPT：从创作结果看，如果 AI 创作的作品与人类创作的作品在质量和影响力上难以区分，这确实表明在某些具体领域，AI 能够创造与人类相媲美的成果。这种情况在艺术、音乐、文学和其他创意领域尤其明显，其中 AI 创作的作品有时甚至被认为具有深度和情感表达。

这种现象反映了以下三个关键点。

1. 技术成熟度：AI 技术，特别是机器学习和深度学习，已经发展到能够理解和模拟复杂的人类活动的程度，包括艺术创作。通过大量的训练数据，AI 可以学习特定风格的特征并创作符合这些风格的作品。

2. 人类感知：如果观众在不知情的情况下难以区分 AI 和人类创作的作品，这说明 AI 创作的作品在技术和表达上已经达到了令人信服的水平。这同时也指出人类在评价艺术和创意作品时可能更多地关注作品本身的质量，而非创作者的身份。

3. 创造力的定义：这种情况也引发了关于创造力本质的讨论。如果创造力仅仅被定义为能够产生新颖、有趣或美观的结果，那么 AI 显然可以在某些情况下与人类匹敌。但如果将创造力定义为包括意图、情感和自我表达的能力，AI 目前还不能完全符合这一定义。

因此，从某种程度上说，AI 确实可以在特定情境下展现出与人类相媲美的创造力，尤其是在创作的技术和形式层面。然而，关于 AI 的创造力是否等同于人类的更全面的创造性表达，这仍是一个开放的哲学和科技问题，涉及如何理解创造力的深层次意义。

你：你认为截至目前，人类在创造力上最优秀的作品有哪些？你能否举一些例子？

ChatGPT：人类在创造力上的杰作涵盖了广泛的领域，从艺术和建筑到文学和科学。每件作品都反映了其时代的文化、技术和哲学思想。以下是一些被广泛认为是人类创造力巅峰之作的例子。

· 艺术

《蒙娜丽莎》：由莱昂纳多·达·芬奇创作的这幅肖像画，因其神秘的微笑和卓越的绘画技巧而闻名遐迩。

《星月夜》：文森特·梵高的这幅画以其独特的画风和强烈的情感表达而著称，描绘了夜空中涌动的星云和旋转的星星。

· 建筑

巴黎圣母院：这座哥特式建筑不仅仅是宗教的象征，也是建筑技术和艺术美学的结合。

泰姬陵：位于印度阿格拉，是世界上最著名的纪念性建筑之一，以其壮丽的大理石结构和精细的镶嵌工艺闻名。

· 文学

《哈姆雷特》：莎士比亚的这部剧作通过其复杂的角色刻画和深邃的主题探讨，展示了人性的多面性。

《百年孤独》：加西亚·马尔克斯在这部作品中通过魔幻现实主义的手法，讲述了一个家族七代人的传奇故事。

· 科学

相对论：爱因斯坦的相对论改变了我们对宇宙的基本理解，特别是关于时间和空间的概念。

DNA 双螺旋结构的发现：詹姆斯·沃森和弗朗西斯·克里克发现了 DNA 的结构，这一发现对遗传学和生物技术产生了深远的影响。

这些作品和发现不仅展示了人类创造力的广度和深度，也极大地影响了人类文化和科学的进程。每件作品都是其时代知识、技术和艺术表达的结晶，是人类智慧的光辉体现。

你：你认为你提到的上述作品是如何产生的？你能否从你列举的示例中，提取创造力产生的本质？

ChatGPT：上述作品的产生涉及多个复杂的因素，包括个人天赋、社会环境、技术进步和文化背景等。从这些作品中，我们可以提炼出几个关键的共通点，这些共通点揭示了创造力产生的本质。

1. 深厚的专业知识和技能

无论艺术家、科学家还是作家，他们都具备深厚的专业知识和高超的技能。例如，莱昂纳多·达·芬奇不仅精通绘画，还涉猎解剖学、工程学和自然科学，这些广泛的知识丰富了他的艺术表现。同样，爱因斯坦的相对论建立在牢固的数学和物理学基础之上。

2. 创新和独特的视角

创造性的作品往往具有强烈的个人印记和独特的视角。梵高的《星月夜》展示了他对自然世界的独特感知和表达方式，加西亚·马尔克斯的《百年孤独》则将拉丁美洲的历史与超自然元素融合，创造出独特的魔幻现实主义风格。

### 3. 对现状的挑战和超越

许多创新作品都是对当时的科学或艺术现状的挑战和超越。相对论挑战了牛顿物理学的一些基本假设，为现代物理学开辟了新的道路。文学作品如《哈姆雷特》则在人物心理刻画和剧情结构上展现了深刻的创新。

### 4. 社会和文化背景

创作不是孤立发生的，它受到当时社会和文化背景的影响。泰姬陵不仅是帝王爱情的纪念碑，也体现了莫卧儿帝国的艺术和建筑成就。每件作品都在其特定的文化和历史语境中形成，反映了那个时代的价值观和审美观。

### 5. 情感和人类经验

创作往往涉及对人类共通经验的深入探讨和情感表达。无论艺术作品还是科学理论，都在试图回应或解释人类的基本问题和经验。这种深层次的情感连接是创造力产生的重要动力。

总之，创造力的产生是一个复杂的多维过程，涉及个人才能、知识背景、文化环境和情感投入。这些因素相互作用，推动了人类在各个领域的创新和创造。

你：你所列举的这些作品，都是具有划时代意义的创作。如果从更广泛的维度来讨论，你认为创造力有可能被量化吗？例如，基于同一种艺术风格，不同艺术家往往都有各自的诠释，但他们又无法脱离一个共同的风格框架，你认为这还是创造力吗？或者说，这是一种"有限的创造力"？

ChatGPT：您提出的问题深入探讨了创造力的本质和界限。首先，让我们讨论创造力是否可以被量化。尽管创造力是一个抽象的概念，但科学家和研究者已经尝试通过各种方法量化它。例如，心理学中的创造思维测试（如托兰斯创造思维测试）试图通过任务和问题解决活动评估个体的创造力。这些测试通常评估想法的原创性、灵活性、流畅性和精炼度。然而，这种量化方式可能无法全面捕捉创造力的所有维度，特别是那些与个人情感和文化背景深度相关的方面。

而关于在同一种艺术风格内，不同艺术家的创作是否仍然属于创造力，这确实是一个值得探讨的问题。即使在某个既定的风格或传统框架内，艺术家仍然可以通过个人的解读和独特的表达展示创造力。这种情况可以被视为"有限的创造力"，但这种限制并不贬低其价值或重要性。

例如，印象派画家如莫奈、雷诺阿和德加，虽然都遵循印象派的基本原则（如对光线和颜色的强调），但每位画家都有其独特的技术和风格重点，从莫奈的自然景观到德加的人物场景，每个人都展现了独特的创造力。

这种情况表明，即使在一定的规范或风格约束下，艺术家仍能通过个性化的解释和技术创新展现创造力。这种"有限的创造力"仍然是创造力的一种形式，因为它能够在既定的范围内推动艺术和表达的发展。

总之，创造力即使在约束条件下也可以表现出来，而尝试量化创造力需要综合考虑多种因素，这包括但不限于原创性、适应性和表达的情感深度。创造力的真正价值可能在于它的不可预测性和超越常规的能力。

你：既然我们讨论了"有限的创造力"，那么相对地，理论上也许同样存在"无限的创造力"，你认为人类的创造力是有限的还是无限的？衡量的标准是什么？

ChatGPT：讨论人类创造力是有限的还是无限的，我们需要考虑创造力的本质和影响因素。创造力通常被视为一种能力，使个体能够产生新的想法、发现新的关联、创造新的物体或表达方式。这种能力受到多种因素的影响，包括个人经验、知识、文化环境、技术和心理状态。

· 人类创造力的"无限性"

从某种角度看，人类的创造力可以被视为"无限"的，原因如下。

1. 新组合的可能性：理论上，知识、想法和文化元素可以以无数种方式重新组合和解释，每一种组合都可能产生新的创造性成果。

2. 科技的推动：随着科技的发展，新的工具和平台不断涌现，扩展了创造性表达的方式和范围。比如，数字技术的发展使得艺术和设计领域出现了许多新的可能性。

3. 跨学科融合：不同学科之间的融合也为创新提供了广阔的空间。例如，生物技术、环境科学和计算机科学的结合就促进了许多创新的解决方案和产品的产生。

· 人类创造力的"有限性"

同时，人类创造力也存在某些限制，具体如下。

1. 生物与心理的限制：人类的大脑结构和心理特性可能限制了我们处理信息和生成新想法的方式。

2. 文化与社会的约束：文化信仰、价值观和社会规范可以限制创造力的表达，特定的思维方式可能被鼓励或抑制。

3. 资源的限制：资源的可用性，无论物质资源还是教育资源，都可以影响创造力的发展和表达。

· 衡量标准

衡量创造力是否有限的标准可能包括以下几点。

1. 创新的频率和质量：我们可以观察随着时间的推移，人类能否持续地产生具有突破性的新想法和新技术。

2. 应对新挑战的能力：面对新的社会和环境挑战，人类能否有效地产生解决方案。

3. 艺术和科学的发展：艺术和科学领域的持续进步和变化是创造力有无限潜力的一个表现。

综上所述，人类的创造力在某种意义上可以被认为是无限的，因为它有能力适应和创新，不断产生新的思想和作品。然而，这种能力受到生物学、心理学、社会和文化等多方面因素的制约。创造力的表达形式和深度可能会随着时间、环境和技术的变化而变化，展现出既有限又无限的特性。

你：如果我们把"AI 创作"也纳入讨论范围，你认为 AI 的创造力是无限的还是有限的？假使我们要批量创作同一种风格的作品，是否可以认为在这方面 AI 比人类更有效率？

ChatGPT：在讨论 AI 的创造力是有限的还是无限的问题时，需要考虑 AI 生成内容的性质和所依赖的技术机制。AI 的创造力与其编程、训练数据和算法的设计密切相关。以下是对 AI 创造力的限制和无限潜力的分析。

· AI 创造力的有限性

1. 数据依赖性：AI 生成内容主要依赖于它被训练的数据。因此，它的创造力受限于这些数据的多样性和质量。如果训练数据有偏差或不够全面，AI 生成的作品也可能会反映这些限制。

2. 算法限制：AI 的算法决定了它处理问题和生成解决方案的方式。这些算法通常是被设计来执行特定类型的任务，而不是自发创造新思想或概念。

3. 缺乏情感和经验：AI 缺少人类的情感体验和世界观。它无法像人类那样将个人的感受和生活经验融入创作，这是人类艺术表达中的一个核心元素。

· AI 创造力的无限潜力

1. 快速处理和迭代：AI 可以快速处理大量信息并进行迭代，这使得在短时间内探索多种创意成为可能。

2. 样式模仿和扩展：AI 特别擅长模仿和复制特定的艺术风格或文学风格。一旦掌握了某种风格，它可以不断生成具有相同风格的作品，而且变体几乎是无限的。

3. 跨领域生成能力：AI 能够将不同领域的知识融合在一起，生成跨学科的创新解决方案，这在某些情况下可能超越单一领域的人类专家。

· 在批量创作同一种风格的作品方面

当涉及批量创作具有一致风格的作品时，AI 确实比人类更有效率。例如，如果要生成大量具有某位画家风格的图像，AI 可以通过学习该画家的作品集模拟其风格，并快速生成数量庞大的相似作品。这种能力在设计、娱乐和广告行业特别有用，因为这些行业需要大量相似风格的内容来保持品牌一致性。

总结来说，AI 的创造力在技术上可能看起来是无限的，尤其是在执行具体任务和模仿已知风格时。然而，从广义上讲，它仍然是有限的，因为它缺乏真正的自发性、情感深度和文化理解。这些是人类创造力中不可或缺的组成部分。因此，在某些具体的、重复性的创造任务中，AI 可能表现出更高的效率和能力，但在需要深度思考和情感连接的创作中，人类的创造力仍然不可替代。

你：好的，基于我们上述所有的讨论，如果要就这些内容生成文章，你认为最好的标题会是什么？

ChatGPT：考虑到我们的讨论涵盖了创造力的本质、人类与 AI 在创造力方面的比较以及创造力的限制与潜力，一个能够体现这些内容的标题可以是："创造力的边界：人类与人工智能的对比探索"。这个标题既能捕捉到我们讨论的核心内容，也能激发潜在读者的好奇心，探讨创造力在不同实体中的表现和限制。

你：关于这个标题，还有更浪漫化的表述吗？

ChatGPT：当然有。如果想要一个更具诗意和浪漫化的标题，可以考虑以下选项："梦想的织网者：人类与机器的创造力之舞"。这个标题增添了一种更具想象力和情感色彩的表达，暗示了创造力不仅是科技和理性的产物，也是情感和梦想的体现。同时，它表达了人类与 AI 之间在创造力方面的互动与融合。

你：现在请你基于上述讨论的所有内容，为我生成一幅图像，以此表现我们讨论的各种角度。

ChatGPT：

你：请你结合上述所有讨论，为我生成一幅主题更加鲜明的图像。

ChatGPT：

▸ 你：请你让生成的画面更具整体性和融合性，而不是把 AI 和人类分割为两
个意象。

└ ChatGPT：

▸ 你：请你再生成更有创造力的图像来表现这个主题。

└ ChatGPT：

▸ 你：还需要更有创造力一些，同时不要丢失人类和 AI 这两个主体。

ChatGPT：

▸ 你：如果画面中没有人类和 AI 的元素，你如何创造这幅画？

ChatGPT：

第二章

# AI 美学

## 新人机日常与审美重塑

# AI 终端，
# 与作为终端的人
# 吴声、阿木对谈

文 | 温宇

对话嘉宾：吴声、阿木

吴声　　　场景实验室创始人、场景方法论提出者

阿木　　　联想集团副总裁、中国区战略及业务拓展副总裁

2024 年，被称为"AI 终端元年"：大模型的终端落地，大模型驱动的 AI 原生应用，生态企业持续发力，交付面向个人的应用场景。面对"日日 AI 革命"的时代加速度，技术与人的关系始终是最终的意义所指。如果人们最终需要 AI 终端，它应该做到什么程度才能真正实现"AI 是工作伴侣，而不是工具"（Work with you，not for you），让人成为与 AI 水乳交融的个体。

从真实需求到产业准备，无论 AI 终端的形态是个人计算机（PC）、手机、手表、车，还是更多形态的可穿戴设备，AI 终端的路线图如何推演和合理想象，都值得在元年开启之时展开探讨。

在 2024 年 3 月由虎嗅主办的"AI 终端元年开启：变革、挑战与机会"论坛上，场景实验室的创始人吴声与联想集团副总裁、中国区战略及业务拓展副总裁阿不力克木·阿不力米提（简称"阿木"）进行了深入的讨论，共同探讨了"AI PC 引发的终端变革"和"AI 时代作为终端的人的价值"。本文是基于此次讨论的内容整理而成的。

# AI PC：个人 AI 时代的计算平台

说明：本地 AI 算力是指 CPU+NPU+GPU 的 AI 整体算力，并非仅 NPU 提供的算力。

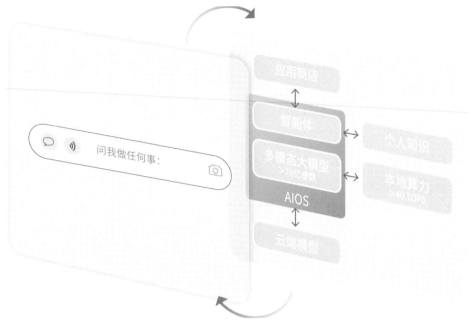

问我做任何事：

应用商店

智能体

多模态大模型
>70亿参数

AIOS

云端模型

个人知识

本地算力
>40 TOPS

AI PC 知识点延展

---

想要统一 AI PC 的定义，关键在于明确 AI PC 的定性定量标准。并不是搭载了 NPU 的 PC 就是 AI PC，其核心在于足够的 AI 算力能够驱动性能可观的本地大模型，提供足够有吸引力的个人 AI 体验。从这个意义上讲，无论大模型通过整机预装的形式交付，还是由用户自行下载部署，AI PC 的最低标准至少应该满足本地 AI 算力达到 40 TOPS[1]。下一代个人计算机 AI PC，具备了如下五大特征。

1. 自然语言交互的个人智能体：多模态与伴随态自然语言交互用户界面；基于本地大模型的意图理解与任务调度。

2. 内嵌个人大模型：能够运行压缩和性能优化的本地大模型，辅之以边缘与云端大模型；覆盖用户全生命周期数据的本地个人知识库。

3. 标配本地混合 AI 算力：CPU+NPU+GPU 本地混合计算架构；个人终端和家庭主机 / 企业边缘主机协同计算。

4. 开放的应用生态：个人智能体与本地大模型接口开放，接入第三方 AI 应用，可被智能体调度；为 AI 应用开发者提供高效、便捷、低成本的混合 AI 算力开发与适配平台。

5. 设备级个人数据与隐私安全保护：本地隐私推理与非敏感任务调用云端大模型；硬件级安全芯片保护与个人数据加密 / 脱敏传输。

---

1　TOPS 是 Tera Operations Per Second 的缩写。1 TPPS 代表处理器每秒可进行 1 万亿次操作。——编者注

内容来自：未尽研究《从工具到平台 AI PC：AI 普惠第一终端》

## 与古为徒,"AI+ 终端"与"电力 + 终端"

阿木说,推演"AI+ 终端"的路线图,可以参照"电力 + 终端"的历程。最初电力是稀缺品,甚至可以说是一种"奢侈品"。近 100 年以前,在那个"电将灯泡点亮就是一切"的年代,把"电"字作为前缀,形成的一个新品类就是电灯。电力最初的功用仅仅是照明,而电灯的普及是因为人人都需要照明,人人都需要借由光亮度过漫长的黑夜。从那时开始,越来越多的终端与电力结合,让越来越多的工作、生活场景在悄无声息中发生质变,如留声机、收音机到现在的电视、电车的出现,似乎所有物品都可以被电力化。AI PC 就如同当年的电灯,担负起将 AI 普及给每一个人的特殊使命。

电力的发展使命是有顺序的,首先是普及的使命,然后是扩展的使命。AI 实际上和电力一样,扮演着基础设施的角色。现在人们对 AI 感到惊喜甚至焦虑,和交流电首次被发明时一样,它们终将会以润物细无声的姿态渗透到每一个终端中,并让这些终端焕发应有的生命力。终端作为 IT 工具已经普及到每个人,它的基本功能是用来探索世界、接触世界和共享世界,那么人和终端的关系就不再是"向它索骥",而是"与它交流"。

现在只有少数人请得起秘书、助理或管家,过高的成本让这种便捷反倒成为"特权"。想象一下:当终端成为你的伙伴时,当 AI+ 终端开始普及到每个人的身边时,它作为数字助理的成本可能只是人力成本的千分之一,却可以给予你更多的互动体验,随时交付更有效率性、特殊性的最佳解决方案。

为什么 AI+ 终端会成为我们的伙伴?举一个简单的例子,制作幻灯片演示文件（PPT）有两种方式：一是创建新幻灯片，插入空白页进行独立页面的排版，一张一张地制作完成；二是将制作需求一次性告知 AI，它将调用、整合这台设备曾经制作 PPT 的历史记录，创作一个完成度约 80%的作品，再由人工完善剩余的 20%。显然第二种方案更有效率，它不会"剥夺"人的主见和权利，人永远不会被取代。

如果 AI 能够直接访问（Access）个人数据，这件事就会变得非常有灵气。可现实是，用户不敢将自己的个人数据、公司资产随心所欲地上传云端，正是基于这种随时可能被初始化的风险，数据需要一个更稳定的媒介。所以 AI 与终端结合的本质是将大模型嵌入终端，只有二者成为"共生体"才能让用户随心所欲地使用，因为这样才能保证 AI 所生成的每一个方案都是"非用户莫属"。这个过程就是让每个人都拥有专属管家、助理或伙伴，甚至可以将 AI 作为日常"娱乐"的对象。

无论"AI+ 终端"还是"电力 + 终端"，它们都为人们创造了更便利的效率体验，以此为代表的商业价值观，正作为最大的商业场景被探索和熟悉，大模型与终端的结合成为"AI 普惠"的必经之路。

# AI PC 是 AI 落地的第一终端

AI 与终端的结合有可能发生在汽车上，也有可能发生在平板电脑、手机或手表上，但阿木认为 PC 具备更多的满足性条件，以此驱动这场技术变革。

第一个条件是"算力"。它不是指模型训练的算力，而是指推理算力。一个本地大模型能够基本保持自然输出能力，至少也要保证有几十亿到近百亿的参数量，这起码需要每秒几十万亿次的 AI 计算能力、16G 或以上的内存、大量使用推理服务时有很好的能耗保障，而且要能够储存足够规模的个人隐私知识库供大模型推理、调用，这件事情才能成立。而这些要求在手机上还很难同时满足，目前只有 PC 具备这样的条件。如果手机作为终端，几百次本地推理后就会让手机消耗大部分电量，且用户无法实现持续为手机充电，即使借助移动电源来维持手机的电量，充电速度也仍然无法赶超耗电的速度。

第二个条件是"本地模型"。当本地数据被调用时，需要读取大量文档，常见格式包括 PPT、图片、视频、PDF 和 TXT 等，这些文件的存储位置需要借助本地模型来保存。如果放在云端存储，其安全性无法得到真正的保障。要将这些文档全部储存到一个终端设备上，目前用户基本上认为 PC 是文档的可靠储存之地。大家基本上不会认为平板电脑、电视和手机会是个人知识和文档的储存之地。

第三个条件是"交互形式"。这里强调的交互形式是"自然交互"，不是"自然语言交互"。从这个定义看，PC 与手机的区别并不算大。例如语音交互、触控交互、影像交互等，手机与 PC 基本上可以做到同步，但涉及"鼠标拖曳""长文本编辑"等综合性功能时，PC 显然比手机更具优势。

第四个条件是"运行场景"。当 AI 本地化后，它的运行场景要更加充分和丰富，最普遍、最明显的运行场景是"创作生成"，就是生产环境中的场景。通过生成一个从来没见过的结果或结论，用户可以获得一种完全不同的使用体验。在未来的生活中，办公场景和娱乐场景都会因大模型的创作能力变得更加饱满。再说回到手机，从芯片到续航再到屏幕，复杂的交互力驱动手机向 PC 慢慢"靠拢"，如采用高通芯片、更纤薄的机身，还有通过折叠屏呈现的大屏形态。

阿木也强调，AI 落地端侧的先后顺序一定是先从 PC 开始，再慢慢延展到手机，因为 PC 目前所具备的"准备度"仍然是最高级别的，最终所有的设备也都会被 AI 化。

吴声补充说，AI PC 的本质其实就是个人的"本地计算中心"，体现对个体数据极高的重视程度，也成为家庭数据的存储中心。设备分类法也将不再沿袭传统方式，PC 不一定是台式电脑或笔记本电脑，它一定会承载更多样的表现形态，可能会出现长得像 PC 的手机，或者长得像手机的 PC。未来"屏"的边界、人机交互的方式都会不断"溶解"，其本质是使用场景的无界切换，这也是智能设备发展的方向之一。这种变化绝对不是一种线性变化，而是一种高度融合的变化。现在正处于 AI PC 的大浪潮中，AI 家电、AI 汽车等"AI+"的无尽形态可能也正在这场浪潮中孕育着新可能。

未来"屏"的边界、人机交互的方式都会不断"溶解"，其本质是使用场景的无界切换，这也是智能设备发展的方向之一。

# AI OS 与用户面对面交互

来源: "未尽研究"报告《从工具到平台,AI PC: AI普惠第一终端》
说明: 这是自然语言交互且具备数字人形象的智能体如何与用户交互的一个用例。此处简化了每一个步骤中 AI OS 的任务调度作用,以及在内存与芯片之间传输数据的过程。

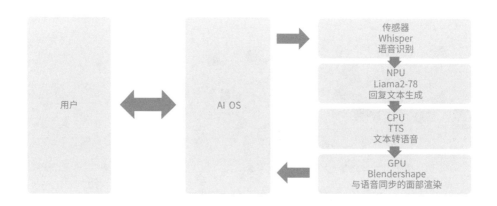

AI PC 知识点延展

系统级的个人 AI 体验将获得新的名字。它就是 AI 驱动的下一代 OS,即 AI OS。与传统 OS 类似,它在整机中发挥了人机交互、硬件适配与开发友好的重要功能。AI OS 的"智能代理"特征改变了用户与硬件、软件的交互方式,未来还将改变硬件与硬件、软件与软件之间的交互方式。相比应用级的 Agent 或 Copilot,系统级的 AI OS 能做到对用户更长期、更全面、更主动的感知与服务。 这将是一种史无前例的发明,创造出用户尚未言明的交互需求,在用户反馈下持续调优。交互方式的改变一次次重塑了 PC 行业。交互界面从 DOS 到 Windows 再到 AI OS,用户学习门槛逐步降低,从通过指令进行交互,到通过具体应用软件的图标进行交互,到与个人智能体进行更自然的交互。

在人机交互的意义上,AI OS 是个人 AI 体验的第一入口。自然语言交互界面的 AI OS 可能会起到当年图形界面操作系统在推动 PC 用户数量增长方面的作用。AI OS 也将安全合理地实现个人 AI 算力负载的分布式处理。个人 AI 体验的入口可以通往云与边。

AI OS 会甄别用户隐私,调用最合适的本地模型或本地应用,或者在难以胜任时,通过本地大模型将预处理与后处理的任务交给本地算力,并向云端大模型发起不涉及隐私的公共请求。即使在主要使用云端服务时,AI OS 也可以将部分工作负载卸载到本地算力上执行。在图形界面交互,人类用户更方便控制更多的软件应用;在 AI OS 界面交互,人类还将可以控制更多其他搭载了 AI OS 的设备。未来,AI PC 将凭借更为强大的本地异构算力与本地大模型,实现本地数据与个人大模型的跨设备交互。

内容来自: 未尽研究《从工具到平台 AI PC: AI 普惠第一终端》

## 人是 AI 终端的终极形态

PC 可能是一个泛化的概念，但是"端"一定是更具象的"个人形态"。在这场大模型变革中，人唯一能做的就是保持自身的独特性，这是吴声认为的最重要的生存法则。

"一切都变，但不用觉得瞬息万变。AI 的命题还在于'始终于人'。人是最大的差异化存在，这也意味着人机需要相互促进。"

独特性和想象力是 AI 时代非常重要的关键词，人越独特，就越有价值。如果站在 AI 的功利性角度理解，被大模型训练的内容即便是用户原创内容（User Generated Content，UGC），也一定是最独特、最个性的内容才具备生存价值和生存可能。这个时代没有什么比"与其更好，不如不同"更能代表用户最正确的"AI 姿势"。

吴声还提到一个关乎价值观的问题：人们在熟练使用 AI 的过程中是不是能认知到"何为正确道路"。AI 所带来的便捷性让指令快速抵达终点，这时最重要的是"拥有一个正确的方向"。每一个人都要知道自己将成为什么样的人，以及最终去向哪里，而不是在错误的道路上以最快的步伐"狂奔"。当人们对于创作的目的具备正确的灵感、兴趣，就能形成一种价值自驱机制，也更能理解 AI 所交付给用户的解决方案的内在逻辑。

端侧的落地有两个方面：一是"智能端"落地；二是"生命端"落地。实际上，人就是 AI 终端的一种终极形态。这是一个事实，且这个事实正在发生。场景一直驱动生产力的大跃迁，除了设备优化、技术优化，对于人的独特性也要保持"尊重"和"理解"，只有做到这一点，AI 普惠的"终端革命"才会离我们越来越近。

不是每一个人都会脱颖而出，但是身处大模型时代的个体一定不能成为"分母"，来稀释 AI 时代作为端的人的价值。

吴声感性地说："只有我来过、我看见、我爱过，才能真正活出生命的意义。"

## 联想 AI PC 之路

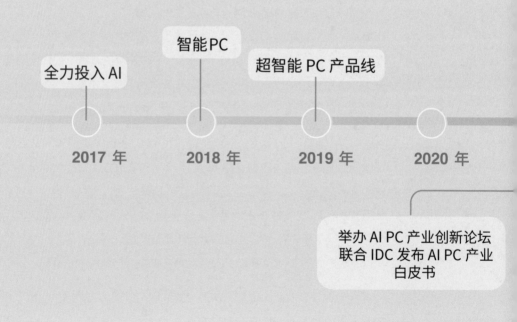

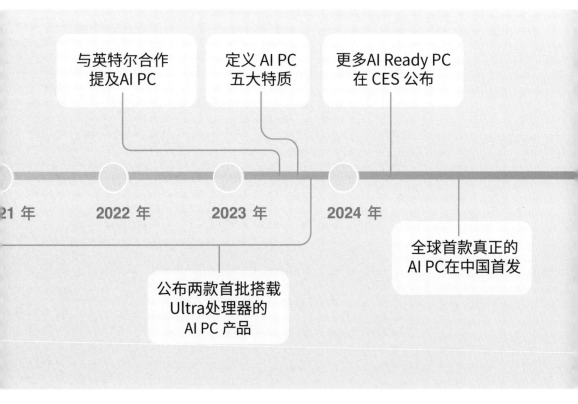

与英特尔合作
提及AI PC

定义 AI PC
五大特质

更多AI Ready PC
在 CES 公布

21 年　　　　2022 年　　　　2023 年　　　　2024 年

全球首款真正的
AI PC在中国首发

公布两款首批搭载
Ultra处理器的
AI PC 产品

# 走在科技跃迁之后的审美思辨

文 | 戴安

戴安 数字艺术策展人，虚拟潮流品牌 0086 Studios 合伙人，隔火品牌主理人。原纽约 MoMA PS1 美术馆艺术策划组成员，雅昌艺术中心项目执行成员。担任过总统筹的项目包括：2017 深圳 teamLab"舞动艺术 & 未来游乐园"展、2018 深圳"神秘敦煌"展、2018 深圳"小黄人"展、2019 深圳 + 成都"Game on 绽放"全球潮流游戏盛典等。

Midjourney 刚问世时，我的合伙人（一个纯粹的金融行业从业者）对其非常感兴趣，基于种种原因，他报名了一个如何使用 Midjourney 的课程。当时我也刚开始在设计中将 Midjourney 作为工具使用。我很好奇，这样一个只需要按步骤操作的简单程序为什么还需要报课程来学习，于是我蹭了他的课。

出乎意料的是，这个课程对 Midjourney 这个工具的使用方法讲得特别少，大部分的课程都在讲"艺术史"，也就是作为一个创作者，在使用这个工具时你的灵感可以来自哪里。课程的内容有一大部分是关于"艺术史"的，还有一些基础的文艺知识背景介绍。这让我一个艺术从业人员颇感意外，因为这些都是我们学生时期的必修课程、必须背诵的知识点。后来一想却觉得理所应当，不管 Midjourney 还是 Sora 的出现，都极大地方便了创意的展现，降低了创作内容的难度，但是如何调动 AI 数据里的资源，则是人类本身能力特别是想象力的表现。简单来说，就是虽然 AI 的知识库比人类丰富得多，但如何调用且用得合适，现阶段还是取决于人类自己。

由此，我开始思考一些话题：当科技比美学进步更快时，设计行业乃至我们的生活会发生什么样的变化？在这个让艺术从业者深感焦虑的当下，AI 是否会根本性地颠覆甚至取代一个职业，媒介是否会如暴风雨过境一般改变内容本身？

## 细节迷恋

现在我们达成共识，AI 一定比人类聪明，也比人类读取数据的方式快得多，对于大数据量的信息处理尤为擅长。因此第一个问题是，在 AI 工具变得越来越容易上手的情况下，人们会不会越发关注细节？

早在我们接触局部性生成式 AI 作品 teamLab 时，就强烈地感知到 AI 对细节的处理已经超越人类。想象一下，当我们开始一股脑地接受大量细节精度放大的作品时，我们会不会很难再满足于人类视角的粗颗粒度作品和"极简"的风格。这里不涉及风格的好坏之分，与其说 AI 会影响到审美，倒不如说在 AI 介入日常的情况下，我们更应该思考创作者在创作"作品"——无论绘画、戏剧还是建筑，这一系列视觉表达体的时候，剥离"技艺"层面，艺术的表达是否留出思考的空间，毕竟"炫技"的重点只会止步于"炫"本身。

同时，因为工具的升级，AI 扩充在创作上对于细节的渲染表达，可以无序且自然地填充这一板块。这种对细节性的追求会不会使大家在美学上开启另外一种奇特迷幻的追求，这也是我很想知道的。

## 追求戏剧冲突

假设上一个问题的答案是肯定的（我认为大概率是），AI 让人们对于细节日益迷恋，那么下一个问题是，抽象化的审美方式会不会变得低级且无趣，或者说是否会出现一种奇怪的艺术等级鄙视——人们会觉得简单且抽象的艺术作品还不如 AI 的创作？当无序的、烦琐的细节已经被 AI 填满，抽象的审美越发显得不知所云，不如 AI 表达有趣时，人们还会追求什么样的感官刺激来调动自己对"美"的情绪？说到底，"美"本质上是一种情绪的调动。一直以来，这种调动对视觉效果的依赖比重居多，而当我们步入 AI 数字化的世界，显然单纯的视觉表达已不足以满足人类对于"美"这个形容词的想象，全方位的体验才能配得上 AI 带来的全新变革。

媒介义无反顾地改变了内容的生产方式，创作者疲于奔命，一股脑地给观众带来非常多元的文化感官体验，如 Gentle Monster 的"无限放大"个体化的戏剧陈列表演（注意，我在"陈列"后边加了"表演"二字）。这里不得不提到 Gentle Monster 合作的艺术家弗雷德里克·海曼，这位艺术家非常擅长戏剧化的风格打造。

丝丝入扣的细节、无限放大局部、充满戏剧化的表演设计，海曼能够将戏剧冲突表达得非常未来化，人们很难描述出为什么在看到他的作品时既觉得高级，又会觉得这貌似就是未来的日常化场景。同时，我们也在大量的线下空间中看到了类似的戏剧化流行感案例。回想一下两年前的"文和友"，抛开餐饮本身不谈，因为媒介在视觉上给予的丰富性已经极大地影响了我们对日常生活戏剧化体验的浓度值。过去的空间重视材质、强调舒适性，对于今天的空间来说，有戏剧化体验才是真谛，俗称"网感"。

位于上海淮海路 GENTLE
MONSTER 门店——HAUA
NOWHERE 内的 3D 艺术
装置作品《巨人》。

## 无法再观看静止的东西

提到"网感"，你的手机就已经掏出来了，无论你是拍摄者还是被拍摄者，视频都在上传中，在所有人都被短视频裹挟的时代，在 AI 算法无限推送内容的今天，我们可能再也无法观看"静止"的东西了。

我不是在危言耸听，确切地说，这就是事实。"平面"这件事确实越来越难以打动人。今天若是哪个品牌的营销策划方案仅仅是平面内容，想必没有几个老板会同意。当社会环境充满"动"起来的感官体验时，审美方式就彻底发生了改变。

在文艺历史上，从"静"到"动"的过程曾经非常漫长。工业革命"摄影机"的发明，成就了从 19 世纪末期至 21 世纪初 100 多年的大荧幕辉煌。很难想象，在看视频都是倍速的今天，还要有怎样的快速感官刺激，才会引发大家对"美"的共鸣。当人们受制于"动"的内容体验时，未来的审美一定要能调动起"多巴胺"情绪才算及格，无论你用的是哪种媒介。

就在我写这篇稿件的几天里，Sora 又一次发布了由不同创作者使用 Sora 制作的短视频集合，想必看到该内容的大家都不得不承认自己被惊艳到了。从文本到视频的巨大飞跃，可能距离影视创作尚有距离，而这种距离也在不断缩小，最直接冲击的是 Music Video 和 VJ 领域，Sora 已经为这种本身主观创作表达的视觉内容找到了最佳解决方案。

## 未来感与贴身质感

当人们越发对细节产生迷恋、习惯于戏剧化的情绪调动、无法观看静止的画面时，让我们从日常穿搭——毕竟你我最日常的审美表达就是穿搭，大胆来猜测一下审美倾向的发展趋势。

1. 追求未来感。我们需要和媒介一样配得上 AI 审美的日常，这一点我们可以从各大时尚品牌处窥见一斑。但"未来感"本身是一个含糊的描述，一个时代的未来感受限于时代本身的想象力，如何定义未来感，也许依然要从一个时代最流行的科幻作品中寻找共识。

2. 极致的贴身质感。毕竟 AI 对于触觉体验的影响暂时尚未实现（虽然已经在发展中），贴身质感的舒适性或独特性将会在一定程度上修饰"美"的穿搭。面料的肤感、包裹感乃至运动功能性，会成为与穿搭审美并驾齐驱的新追求。就如同一旦体验过穿球鞋的舒适，再选择高跟鞋便会存在成本。露露乐蒙与始祖鸟的新城市潮流只是一个象征性的开端。

AI 生成的时尚大片

　　在 AI 浪潮之下，仅仅谈论审美肯定是非常有局限性的，因为 AI 本身就在不断地打破旧有秩序的边界，或者说，AI 在通过生产方式的变革改变人们的思维逻辑。或许我们不再需要像过去那样，以给予分支点[1]的方式来处理海量数据，思维逻辑的改变同步影响着个体对感官体验的追求。

　　最后的思考留给创作者。当人们已经无法被一幅静止画面打动时，扩展"视觉"到其他感官的体验将会变得至关重要。当人们快速适应了 AI 式的节奏，那么 AI 式的"全面审美"应如何快速调动情绪，并且保持持续迭代更新？

　　海量的 AI 作品使得原创作品的创作更加困难。那么遵循传奇设计师维吉尔·阿布洛（off-white 创始人、前 LV 设计总监）的"3% 法则"（只要改变一件经典设计的 3%，就可以创造出新的设计）的超现实主义思路，将会成为一个重要的基础能力。其实大家也无须为没有原创而失望，因为仅仅是利用海量的数据创作出令人惊艳的作品就已经是一个极具挑战性的工作了。

　　在 AI 降临的今天，人性可能是唯一暂时较为安全不变的变量。

---

1　在数据处理和算法设计中，特别是在树形数据结构（如二叉树、决策树等）中，分支点（Branch Node）或称为分支节点，通常是指具有一个或多个子节点的节点。分支点是树形数据结构中的重要组成部分，构成了数据结构的骨架，并决定了数据在结构中的组织方式和访问路径。

第三章

# 新身临其境

## 媒介与内容革命

# 后 Vision Pro 时代：
# 空间计算与生活新层次

文 | 王若师

2023 年 Apple Vision Pro（苹果公司首款头戴式"空间计算"显示设备）的问世被喻为扩展现实（Extended Reality，XR）行业的"iPhone 时刻"，同时拉开了空间计算时代的帷幕。XR 设备和人机交互技术正引领我们进入一个全新的体验世界。在这个专题中，我们分别对两位行业内人士进行了深入访谈，以探讨 XR 设备的行业现状与未来，以及空间计算到底在创造一种什么样的生活体验。

# XR 设备是最佳的 AI 人机交互界面

**被采访人|亿境虚拟现实技术有限公司（简称亿境虚拟）董事长、总经理　石庆**

## Vision Pro 带来的行业共识与挑战

提到 Vision Pro 的上市情况，石庆先生说，这个产品没有他一开始想象得那么受市场欢迎，从消费者角度看没有达到大家的预期，他认为一方面是因为存在一定的教育成本；另一方面是因为从产业端到消费端还是有一定的滞后性。与此同时，苹果公司仍在持续增加产能，这一举措直接触动了行业，最主要的是为行业指明了发展方向，包括技术路径的指导、二级供货商的选择，都是行业发展的重要推动力。

谈到 Vision Pro 带来的技术共识，石庆先生认为，一是非常高清的沉浸式显示；二是三维空间交互，涉及眼动、手势、语音，苹果公司做到了目前业界的天花板水平；三是环境感知及空间计算开发者平台。在轻量化的 XR 产品里，头手 6DoF[1] VR 游戏机的逻辑会首先被改变，同时三维空间拍摄会变成重要的场景。目前 iPhone 15 Pro Max 就可以进行三维空间摄像，之后 iPhone 16 以及更多机型都会带有这个功能，三维空间摄像会更加普及，也就需要更多的类 Vision Pro 的设备来观看。

就培养消费人群习惯来看，苹果公司放弃了以游戏为主的产品定位思路。也就是说，XR 产品将会被推向更多的消费者。另外，苹果公司选择的视频透视（Video See Through，VST）技术路径也表明，"真实"与"虚拟"的比重无须统一答案。比如，教育和游戏可能封闭体验会更好，但日常使用方式与具体场景和个人使用习惯有关，视频透视可以给用户提供更多的选择。

---

1　头手 6DoF：技术名词，全称"六自由度"（Six Degrees of Freedom），指的是头部和手部在三维空间中的六个自由度，包括上下、前后、左右六个方向的平移和旋转。有了这项技术，XR 设备可以实时捕捉到佩戴者头部和手部的每一个细微动作，实现场景和视角的同步更新。——编者注

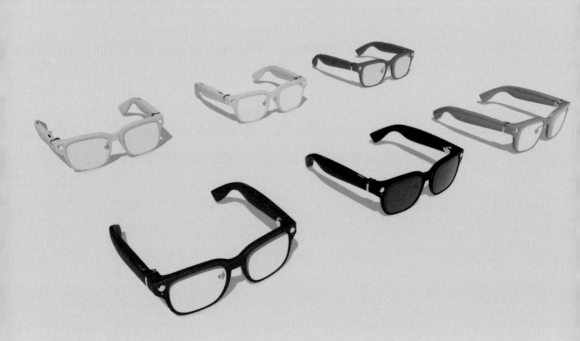

亿境 AR 眼镜概念设计图

石庆先生认为，目前来看，VR 设备从信息展示层面到真正的空间计算和空间显示还需要一个过程。现在行业普遍走的还是一个偏视频的路线，包括一些简单的空间计算合成、三维呈现，等算力上来，协处理器（比如像苹果的 r1 协处理器）与主控有更好的配合之后，空间计算的概念会更重一些，即 XR 中 X 的概念会更重一些，体验上则会更接近我们想象中的 MR。比如你坐在车里戴上眼镜，空间内有个小精灵围着你转，你会发现因为有空间计算，边界处的遮挡关系、光影关系会发生变化，就很有趣。等到这些功能、内容实现时，我觉得人类就会真正进入信息的三维世界，更融合、更无感。石庆先生提到，实现以上设想的挑战之一是芯片，然后是如何与 AI 结合。苹果公司是自研的 MR 芯片，其他品牌现在还没看到有与之一争之力的。高通公司有没有与苹果公司竞争的可能性？高通公司在做芯片，但是现在与苹果公司还有一点差距。

亿境虚拟目前正专注于两个主要的产品方向：一是向上对标苹果公司，开发具有眼动、手势识别和高清显示功能的 XR 设备，包括高清 Micro OLED 在内的一些技术也已经加入目前的新项目中；二是延续 Vision 系列产品有所侧重的产品思路，专注于可长时间佩戴且同时降低成本的智能轻薄眼镜产品。石庆先生提到，这类轻薄眼镜的功能包括音频高质量捕获及播放，视频高质量防抖的录制与照片拍摄，非常便于内容分享和与 AI 手机等智能终端衔接，并且眼镜具有可较长时间佩戴的舒适度。

## 内容生态是重中之重

XR 设备面临多个关键痛点，包括核心性能指标、电池续航、佩戴舒适度、适配内容等。石庆先生说，这些痛点可能目前一个都不好解决，相比之下，首先要保证佩戴舒适度，毕竟是要在头上加一个比较重的穿戴设备，即使是 300 多克的设备戴久了头都会疼，更何况它要超过 600 克，是有点儿反人性的。所以，内容和应用场景就尤为关键，有内容的吸引，使用者才会愿意克服一些障碍来使用产品。而当前，内容的吸引力难以弥补实际佩戴体验的不足。

他进一步指出，尽管当前的显示和交互技术已达到合格线，但内容生态和个体普适性的不足是行业发展的短板。例如，尽管苹果公司的设备在技术上表现出色，但市场上缺乏足够的原生内容来吸引用户，这限制了设备的普及。此外，消费习惯的培养、教育成本的投入也是制约行业发展的重要因素。石庆先生强调，内容对 XR 设备来说是关键，没有丰富的内容支持，用户很难体验到 XR 设备的全部潜力。

在软硬件生态方面，苹果公司的相对封闭与安卓的开放兼容生态形成鲜明对比。中国品牌的悲观情绪与头部公司的技术积累和生态建设形成鲜明对比。行业的发展不再是冲刺，而是一场马拉松，需要各方合作，共同推动。例如，META 的 Quest 系列产品在推动 XR 设备普及方面发挥了重要作用，谷歌的 Daydream 平台则为开发者提供了一个开放的生态系统。石庆先生强调，一个成熟的生态系统对于 XR 设备的发展至关重要。他期待谷歌、微软等大公司能够发挥引领作用，共同推动生态系统的建设。近期，谷歌与三星的合作被视为行业的一个积极信号，这可能预示着未来更加开放和兼容的生态系统的形成。同时，他也呼吁更多的开发者和内容创作者加入这一领域，丰富 XR 设备的内容生态。亿境虚拟也正在积极与内容创作者合作，鼓励他们为 XR 设备创作更多优质的内容。同时，公司也在探索如何通过技术手段降低内容创作的门槛，让更多有创意的人才能够参与进来。

石庆先生表示，他非常期待 XR 杀手级应用的出现，这只是时间问题，需要一定的耐心。苹果公司正在积极推动有趣的小应用项目，就好像 iPad 一代上市时也没有太多的内容，后来才有了《愤怒的小鸟》《切水果》《植物大战僵尸》这些爆款内容。他预测在未来一年到一年半的时间里，轻量级内容的生产将逐步解决前文提到的问题。当出现一款真正能够吸引大量用户的应用时，XR 设备才能实现其全部潜力。他建议中国软件公司尽快和苹果公司互动，获取更深入的技术和资源支持，加强自身产品研发能力，借助苹果公司的先进硬件探索一些新的杀手级应用场景。

在讨论未来市场份额时，石庆先生表示，虽然目前还难以确定，但可预见的是未来的竞争将更加激烈，也更加有序。随着技术的进步和市场的成熟，我们仍需重点关注有生态和技术积累的头部公司。他预测，苹果生态建立后，头部公司将迅速布局，软件平台的切换将变得更加迅速。

石庆先生强调空间视频是一项重要的创新，它的出现将对行业产生重大影响，将改变内容的格式和标准，为用户带来"新身临其境"的体验，尤其是在体育比赛、演唱会和直播等领域。试想，通过空间视频，观众可以在家中却亲临现场般观看 NBA 比赛。AI 生成的空间视频预示着内容创作的新方向，尽管这需要更多的算力和物理规则的学习。

直播场景也将发生显著变化，商业模式将得到进一步建立，直播将变得更加真实，用户的消费习惯会进一步被强化。人们的生活将在虚拟世界中得到极大的丰富。教育、社交、精细化工作等领域都将受益于 XR 技术的应用。例如，人可以在虚拟环境中进行复杂的维修操作；在教育领域，学生可以通过沉浸式学习体验更深入地理解复杂的概念。辅助穿戴设备和信息提示将成为常态，人们将面对一个信息无障碍的世界。例如，三星的"画圈搜索"功能允许用户通过简单的手势搜索信息，类似的功能将越来越多，这将极大地提高我们获取信息的效率。随着空间计算和空间显示技术的发展，我们将迎来一个更科幻、更融合、全面三维显示的世界。

## 即将到来的人机交互未来

石庆先生将 XR 设备定义为连接 AI 的界面，它不仅是显示器或空间计算平台，更是人机交互的重要桥梁。如果说未来 XR 眼镜代替电脑或手机还是有难度的，但它可以代替显示器、键盘和鼠标。XR 眼镜的人机交互方式是最为自然和"如影随形"的，如果说你想打造一个自己的 AI 虚拟人，前提是要把你的所听所见上传，靠什么？很可能就是靠 XR 眼镜。

XR 设备将个体的感官信息传到云端，将成为现实世界与虚拟世界并行的关键，为数字永生提供数据基础。他预测，随着星际航行的逐步实现，数字分身的概念将成为现实。届时，XR 设备将成为感官、信息的输入输出中心，增强个体的能力，成为提升个体的工具。

他提到，辅助穿戴设备将在人们的生活中发挥越来越重要的作用，将帮助人们更好地获取信息，提高工作效率和生活质量。随着技术的进步，辅助穿戴设备将变得更加智能和舒适，成为人们日常生活中不可或缺的一部分。他认识的几个人已经开始在做测试，尝试每天除去 8 小时的睡眠时间，16 小时都佩戴 AR 眼镜生活（当然是比较轻量化的那种）。可能再过两年，这就变成一个自然而然的事情，一旦 XR 眼镜的重量低于 30 克，就几乎和我们平常戴的近视眼镜一样了。我们面对的将是一个没有信息障碍的世界，无论看到什么都能够同时获得相关信息。

空间计算解决的是人机交互问题，石庆先生认为，人机交互的未来将更加自然和智能。苹果的交互技术已经明确，将成为行业的核心交互形式。随着技术的进步，人们将能够通过简单的语音、眼动和手势与设备进行交互。这将极大地提高交互的效率和便捷性，使人们能够更加专注于内容和体验。同时，脑机接口技术的发展将使我们离数字永生更近一步。例如，国内的脑虎科技和脑陆科技等公司正在探索侵入式和非侵入式脑机接口技术，这些技术有望在未来改变我们与设备的交互方式。

　　石庆先生认为，碳基生命与硅基生命的融合将加速。亲密人机的最大意义在于个体增强，人类将通过技术改造自身，延长寿命和增强记忆力，提升个体的能力，创造数据会成为对社会的贡献之一，这一过程将是人类进化的重要一步。最后，谈到对行业未来和技术实现的看法，石庆先生说，从短期看，我们不要太乐观，从长期看不要太悲观，然后要耐心地等待着改变的发生。

# XR 应为具体场景而生

**被采访人｜酷睿视（GOOVIS）品牌创始人 彭华军**

## 以高清显示作为主阵地

　　彭华军先生认为，Apple Vision Pro 的上市对行业来说首先是一个提振信心的积极信号。高清路线成为行业共识，除了强调沉浸感，更强调清晰度，引领行业向高清显示和高性能交互的方向发展。同时，视频透视做到极致顺滑带来了一种跨越式体验。当然，我们也看到它的佩戴体验为人们所诟病，对于产品的综合体验，人体工学始终是一项瓶颈要素。

　　关于对产业链的影响，他认为苹果的产品可能会推动行业向更高的技术标准发展，但目前市场体量还不够大，不足以引发大规模的芯片竞赛，也还没有看到有能一争高下的芯片厂商。从操作系统的角度看，要达到苹果那样的空间计算效果，安卓系统面临一些挑战，包括芯片技术和市场决心。目前，安卓系统还没有下定决心，没有看到足够的市场潜力来做出大的投入。他预测，如果苹果的产品能够成功并定义新的市场方向，安卓系统可能会加大投入来加入竞争。未来可能会形成类似于 iOS 和安卓的市场竞争，苹果占据相对高端市场，安卓占据相对大众市场，但具体情况还需要看后续的发展。

　　酷睿视是国内比较早进入这个行业的公司之一，公司成立 10 年，品牌推出 8 年，整体主攻方向是高清头显技术。彭华军先生认为在体验层面，极致的色彩、清晰度是更胜于沉浸感的需求，因此从一开始就专注于高清领域。与普遍追求沉浸感的 VR 设备有所不同，酷睿视的产品路线从注重高清的封闭式高性能头显出发（主要呈现内容以观影和游戏为主）拓展到开放式头显，即用户在使用时既可以看到虚拟显示，也能感知外部环境。酷睿视将其命名为"悬镜式高清头显"（Art）。提到 Art 这一产品的设计初衷，彭华军先生说，在公司成立之初就设想过类似的产品，但直到 Art 做出来后，我们发现应用场景比当初设想的还要广泛，反向带来了很多思考。首先，这个产品打破了高清大屏幕的移动性限制，但同时没有打破人们日常对于同时获取屏幕信息和环境信息的需求惯例。我们的生活、工作对移动性的需求是越来越强烈的，那么就需要一个移动的高清显示器。当产品有了这样的属性后，在很多行业发挥了意想不到的作用。比如，主动来合作最多的是医学领域，Art 成为辅助医生手术的高清屏幕，提高手术的精度和效率。又如摄影领域，高清悬屏成为摄影师的取景器，让摄影更加自由。其实它就是一个能随着人走的高清显示器，却产生了很多新的价值。

酷睿视 Art 系列产品

## 设备以不同形态创设沉浸式体验

提到当前 XR 设备的关键痛点，彭华军先生认为主要有三个方面：佩戴舒适度、视觉清晰度和交互流畅性。他着重指出，佩戴舒适度和视觉清晰度是最关键的，如果这两个方面做得不好，就不太可能实现颠覆性的体验变化。这次大家对 Apple Vision Pro 的负面评价集中在重量和佩戴舒适度方面。交互是 XR 设备的特别之处，但交互本身并不构成所有人向往使用的理由。不同于从 CRT 时代到 LED 时代的颠覆性变化，XR 设备颠覆性的体验变化很难是由单一问题的解决带来的，它往往是多个因素循序渐进的结果，需要取舍和平衡。目前国内的 XR 设备依然主要定位在头戴显示器上，谈不上空间计算的高度。依托于手机作为算力终端，来解决网络、算力、AI 的问题，用头显来解决显示和交互问题，其中一个技术核心问题可能是如何去掉连接线，包括电池和音视频传输的问题。

行业内现在还有许多人持观望的态度，希望等待一个更明确的市场信号。但彭华军先生认为，现在已经不是要再等待一个什么节点的阶段了，他认为至少在三年中不会存在一个所谓的行业节点，现在是要开始寻找真实应用场景的阶段，开始打造能解决具体问题的产品。

关于如何定义未来的 XR 设备，彭华军先生认为，XR 设备首先是信息的显示设备，随着远程工作和在线教育的兴起，XR 技术在提供沉浸式体验方面具有独特优势，有望成为连接现实与虚拟、拉近人与人之间距离的重要桥梁。新型 XR 设备的出现会改变大量的生活细节，作为一种新的可移动工具，它会给人们带来大量新的终端感受。尤其是在娱乐和工作方式上，也就是"玩"和"用"的层面。最直观的是可玩的东西会变多，如 VR 游戏以及在家就能享受到媲美电影院的观影体验。而在"用"的层面，XR 设备会成为构建信息的生产力工具和远程交互的协作工具，极大地提升社会效率和创造力。

　　XR 设备也可能会成为内容的拍摄和创造工具，但这不是它的核心使用场景。XR 设备的核心在于提供新型的交互体验和更丰富的信息显示，从而创造一种沉浸式、互动性强的生活体验。由于设备性能与佩戴的舒适度存在天然矛盾，特别是头戴设备天然对重量有限制，所以他判断 XR 设备也不会成为主机本身。未来的 XR 设备不会是一种统一形态，一定是多形态，会针对不同使用场景出现各种形态。

## 实现"亲密人机"需要理解和耐心

XR 内容生态与硬件体验紧密相关。尽管内容创造是无止境的,但是彭华军先生认为 XR 内容生态的发展目前有两个门槛:一个是硬件终端的数量;另一个是用户对硬件的体验要足够好。终端数量达到一定规模后,内容创作才会跟上,内容能不能被用户接受、哪些内容可以沉淀,都是需要考量的问题。同时,如果硬件体验不够好,用户很难持续使用,就会对内容生产的持续性产生负面影响,导致内容生态难以发展。空间视频可能会带来新的体验,但也需要硬件的支持。这是一个相互作用的过程。

彭华军先生认为,空间计算的终极形态会是脑机接口,机器直接与大脑进行交互,不再需要更多的终端,但这还相对遥远。目前,我们还是需要通过物理设备进行人机交互,而且这个过程会非常漫长。未来的空间计算可能会更加注重用户的体验,包括舒适度、易用性和直观性。随着技术的进步,我们可能会看到更加集成和隐蔽的交互方式,这会使人机交互更加自然和直观。

关于本书"亲密人机"的主题,他认为这代表了一种认同和期望。"人机"更多的是对机器提出要求,以人为中心,这意味着机器要更能够满足人的本性需求,从用户体验的多维度、多层次出发,从理性和感性出发进行设计,包括用户界面、交互方式。人机交互将变得更加自然和无缝,机器将更好地理解人类的需求和意图。从物理层面来说,机器发展受物理规律的限制,人对机器的演进也要理解并保持足够的耐心。

(图片来源：UNSPLASH)

# 当音乐可以一键生成

文 | 范志辉

范志辉　"音乐先声"创始人，资深音乐产业观察者

继文生图、文生视频后，AI 音乐制作工具 Suno V3 生成模型的里程碑式突破，让写歌这样高门槛的艺术形式走进了普通人的生活，而且几乎零门槛。

正如 Suno 联合创始人米奇·舒尔曼所说，目前音乐听众的数量远远超过音乐创作者，这是"如此失衡"，而 Suno 将是解决这种不平衡的工具，带来音乐创作全民化的未来。

有人说，这是属于音乐行业的"ChatGPT 时刻"，而在技术革命之下，音乐内容的生成与消费已然酝酿着一场巨变。

## 写一首歌从未如此简单

相比 2023 年 9 月推出的 V2 版本，2024 年 3 月发布的 Suno V3 在音质、咬字、编曲、多元化风格上的生成效果让人惊艳。

除了作品生成质量的大幅跃升，帮助 Suno 出圈的另一大原因便是无限降低了创作门槛。目前，自定义模式（Custom Mode）和器乐模式（Instrumental）对应生成歌曲和纯音乐。其中，在自定义模式下，用户还能自己创作完整歌词，也可以输入关键词让 Suno 扩展生成歌词，并输入风格描述，便可轻松创作一首 2 分钟专业水准级的作品。

值得一提的是，也许是因为产品破圈太快、用户量飙升，Suno 一度仅对付费用户开放。

在 AI 技术的加持下，Suno 上涌现了很多有趣的作品，为普通人提供开盲盒般的乐趣的同时，也打开了音乐创作的另一种思路。

比如，有人以菜谱为歌词，生成了歌剧风格的《宫保鸡丁》，让这道家常菜瞬间高雅起来了；苏轼的《水调歌头（明月几时有）》、李清照的《声声慢》、秦观的《鹊桥仙》等经典古诗词也都被网友成功谱曲，融合五声音阶、传统配器和天籁女声，惊艳到一度进入了 Suno 的全球趋势榜前列。

此外，也有人借助 Suno 给初音未来写歌，数学摇滚、日本流行音乐、突变放克（mutation funk）等各种大挪移，普通人为偶像写歌，指日可待；还有一些反差极强的改编创作。比如，有人将《只因你太美》这首鬼畜神曲改编成了金属说唱；更有网友将《让我们荡起双桨》这样耳熟能详的儿歌改编成了充满力量与激情的摇滚版，竟没有违和感。

传统的音乐创作主要依赖于人类的创造力、灵感和专业技能，而 AI 音乐通过对大量数据的分析和模拟生成音乐作品。新的媒介革命带来了极大的效率提升，使音乐创作更加高效、快速和智能化，也使其更加多样化和个性化。

除了 Suno 在作曲上的突出表现，在其他 AI 工具的助力下，一个音乐人可以顶一个大团队。用 ChatGPT 写词，Suno 作曲，ACE Studio 或网易云音乐·X studio 演唱，Midjourney 或 Stable Diffusion 制作单曲封面，Sora 生成 MV，LifeScore Music 进行混音，LANDR 负责母带处理，一人包办音乐制作的"词、曲、唱、编、录、混"各个环节不再是梦，可以说音乐创作体验被全面革新了。

尽管现在 Suno 华语演唱的人声质量还不稳定，也无法进行节奏、风格、旋律等更细节化的调整，但我相信，随着 AI 音乐的快速迭代，这些问题都将被一一解决。

在技术革命的推动下，音乐从传统的精英领域走向了普罗大众，每个人都有机会成为音乐创作者，释放自己的表达欲望。写歌从未如此简单，音乐也从未如此走进大众的日常生活。

## 音乐内容的生产与消费革命

当 Suno 在舆论场掀起音乐内容生产革命的巨浪时，4 月 2 日，一个由艺术家主导的非营利性组织"艺术家权利联盟"(The Artist Rights Alliance) 发表了一封得到包括比莉·艾利什、妮琪·米娜、凯蒂·佩里、乔恩·邦·乔维等 200 多名艺术家支持的公开信："呼吁 AI 开发者、科技公司、平台和数字音乐服务商，停止使用人工智能来侵犯及贬低人类艺术家的权利。"

早在 2023 年 4 月，一首模仿歌手奥布瑞和威肯音色的 AI 作品 *Heart on My Sleeve* 在全网病毒式传播，其背后的唱片公司环球音乐要求 Spotify、YouTube 等平台全网下架。同年 10 月，环球音乐与 ABKCO 、Concord Publishing 一起对 Claude 的开发公司 Anthropic 提起侵权诉讼，指控其"非法复制和传播大量受版权保护的作品（包括歌词）"，以训练 AI 模型。

在抵制 AI 音乐野蛮生长的另一面，音乐行业也在积极拥抱 AI，争取为己所用。环球音乐、华纳音乐等版权方都与 YouTube 达成了 AI 预训练的授权合作，其中环球音乐还与 YouTube 共同推出了人工智能孵化器；Spotify、Deezer、TikTok 等平台方则从 AI 内容规制、版税分配、技术整合等维度行动。

技术决定论认为，媒介技术的变革是推动社会变迁的决定性力量。而 AI 音乐作为一种全新的音乐创作技术，也将深刻影响音乐内容的生产、传播和消费方式，进而影响整个音乐产业的未来走向。

也就是说，AI 音乐技术的兴起将彻底改变音乐创作的范式，打破人类创作的局限性，为音乐内容注入新的活力。同时，AI 音乐将重塑音乐产业的生态系统，颠覆现有的商业模式和权力结构。

从传播学的角度看，AI 音乐时代呈现了一种去中心化、多元化的传播格局。

在传统唱片时代，音乐内容的生产和传播权力高度集中在少数唱片公司手中，普通用户只能扮演被动接受者的角色。但在 AI 音乐时代，每个用户都可以成为内容的创作者和传播者，他们可以利用 AI 技术创作出独特的音乐作品，并通过各种渠道进行传播和分享。这种去中心化的传播模式进一步打破了唱片公司的资源优势，促进了音乐内容的多元化和民主化，也将极大地改变音乐产业的分发模式和业务逻辑。

普通人不仅可以成为 AI 音乐创作者，满足个人的创作欲望和自我表达需求，还可以生产版权内容，将自己的音乐作品商业化，成为新时代的超级个体，完成职业化转型。

与此同时，很多现有的业务可能会面临消失。比如，电视台、广告商、游戏厂商对于背景音乐、简单配乐的需求，就不需要额外再花钱找公播版权公司授权；而像试样唱片代唱、基础编曲等低门槛的工种，也可能会被替代。

然而，AI 音乐时代也面临如版权保护、算法公平性、技术垄断等挑战和问题，需要相关各方共同努力来解决。不可否认的是，AI 音乐的命运齿轮已经转动，一切都回不到从前，一个全新的音乐时代正在到来。

当然，虽然很多人都在沮丧地说"音乐人完了"，但我始终相信，AI 只能替代基础性、功能性的音乐创作，且只能达到及格线，真正有价值的音乐反倒会越发稀缺。AI 技术的终极目标不是为了代替人，而是更好地与人类协作。或许，这也会倒逼音乐人提升自己的业务能力，创作出更多动人的好作品。

张亚东说，音乐的本质是数学。但我相信，打动人的，更是歌曲背后的故事和情感。

第四章

# 机器同理心

## AI 的生命课题

# 第三层大脑：未来，人类会被重新定义吗？

文 | 孙瑜

孙瑜　　脑机接口高新技术公司柔灵科技创始人。碳材料研究
学家，高分子系博士，本科毕业于浙江大学，硕士毕
业于美国新泽西州罗格斯大学，博士毕业于美国俄亥
俄州阿克隆大学。"得到"App《前沿课·脑机接口》
主讲人。

孙瑜著作《第三层大脑》

没有哪项技术能像脑机接口一样，会彻底颠覆我们人类文明的进程。
脑机接口技术的颠覆性在于，它在试图替代五万年来我们赖以生存的
协作工具：语言。它要绕过语言，建立一个能让大脑和外界直接沟通
的全新界面。

## 进化论与脑联网

脑机接口，会给人类带来怎样的巨大变化呢？实际上，是关于"人"的根本定义正在发生变化。

我来给你讲一个小故事，这个故事的主角，是一个叫尼尔·哈比森的英国人。如果你去看他的照片就会发现，他有一个和普通人不一样的特点：他的头上插着一根天线。哈比森出生的时候是全色盲，有了这根天线，他就能靠听觉感受到世界的色彩。最初哈比森的天线只是一个可穿戴的电子眼设备，但后来他发现自己24小时都离不开这根天线，它已经成了他身体的一部分，所以他决定把天线的芯片植入大脑。现在，他是全球第一位合法的半机器公民。

技术发展在不断加速，甚至是指数级增长。脑机接口这样的生物改造工程，让人类生命进化的速度变得更快，未来的演进非常有可能以几十年为单位，甚至更短。我们正在一步步重新定义"什么是人类"。

这个问题，可以从两个维度来理解。第一层是脑脑交互，当然也可以使用另一个更形象的词"脑联网"。这是第一次人类大脑从"单机"走向"互联"，每个人原本最隐秘的意识从封闭走向开放。脑联网让我们的大脑第一次"曝光"出来，我们可能完全不知道会有什么风险。我们会担心思想和意识信息的泄露，害怕可能有人窃取我们的神经数据，甚至反过来通过修改脑机接口，操控我们的意识。这个已经不是所谓的"脑洞"，脑脑交互、人机融合在未来是可行的。而且，修改和操控大脑的实验也已经在现实中出现。

第二层，是人机融合。相比于对自由限制的担忧，像哈比森一样，人类与机器究竟要以什么样的关系共处才会挑起最大的伦理冲突。你是不是也发现，人造物表现得越来越像生命体，而生命体变得越来越机械化——这都是因为人类对自我改造能力的不断增强而形成的。随着人类和机器的融合越来越多，我们到底该如何理解"人"这个概念呢？我们的身体要被替换掉多少还能算是人类，替换到什么程度就会被视为机器人呢？机器人和人类之间的社会地位是怎么样的呢？那半机器人呢？

为了思考这些问题，先来分享一个例子。在美国的俄亥俄州有一个美丽的村庄，那里居住着阿米什人，这群人有什么特别的呢？他们拒绝高科技，坚持用自然的生产方式生活，他们乘马车出行，用人力耕地。他们认为电是连接物欲世界的载体，电会使人沉迷于物质的享受而忘记生活的本质。难以置信，他们就生活在信息时代。但其实，他们也需要 12 伏的电池。12 伏的电池是什么概念呢？它无法启动任何复杂电器，看电视、用电脑，这些肯定不行。但是 12 伏电池却可以用来点亮一盏灯，他们需要这个电力保障必要的生产。

所以，当我们感到新技术挑起了看似不可解决的伦理冲突时，可能是我们的伦理框架本身需要进化或伦理进化正在发生。一旦进化完成，你就会发现，当初看似不可调和的矛盾好像从来没有存在过一样。

面对人类和机器关系这个问题时，我们可能会变得越来越能接受机器的生命化。机器既不是人类的工具也不是人类的奴隶，更不是人类的主宰。我们需要借助机器的算力获得进化，机器也需要借助人脑的适应性和容错性获得进化，机器会以人类的合作方身份出现，和人类协同进化。

## 感觉的延伸与替代

6500 万年前墨西哥尤卡坦半岛的小卫星撞击地球导致 75% 的物种灭绝，特别是爬行动物之王——恐龙灭绝，此后，哺乳动物得以发展进化。与不同食物和环境的接触使哺乳动物的牙齿结构变得多样化，实现快速繁衍。哺乳动物脑边缘系统在演变过程中逐渐进化出大脑皮层。大脑皮层的进化成就了人类得以主宰世界。从这个脉络来看，我们的进化方向很清楚，那就是从大脑皮层再进化出数字化第三层，也就是第三层大脑——脑机接口。

除了技术加速角度和大脑皮层进化的角度，从凯文·凯利在《失控》一书中提到的认知唤醒的角度，也能对脑机接口的方向，有个很清楚的认识。凯文·凯利认为，人类前三次的认知唤醒，分别是：哥白尼的日心说，颠覆了人类一直认为的宇宙星辰都是绕着地球转的根深蒂固的观点；达尔文的进化论，颠覆了人类长久以来，都觉得人是神造的亘古不变的真理；弗洛伊德的自我意识论，把人类的自我意识从神坛上面拉下来，人类原本认为自己做的每一个决定，都来源于我们自己，而其实人类的大脑是很多不同意识的综合体。

而第四次认知唤醒，就是把人类跟机器的链接打通：人机一体，AI 与人类意识结合，可以在云端进行 AI 计算，再把信息送回人脑，就像人类日常并不知道自己的大脑哪块区域负责哪个功能一样，以后的拥有 AI 芯片嵌入大脑的人类也不知道哪条信息是芯片处理的，哪条信息是人脑自己处理的。人们所能知道的，就是自己的大脑得到了无与伦比的升级。

未来 3 到 5 年，脑机接口技术中有可能出现的突破，应该就是在大脑皮层特别是在大脑的运动皮层、感知皮层、视觉皮层以及听觉皮层实现脑机接口的接入。比如通过运动皮层的脑机接口植入，来实现机械臂控制，同时也收到机械臂的反馈来刺激感知皮层，以此来治疗截瘫。通过脑机接口实现大脑皮层与四肢的连接。

还可以想象这样一个场景，通过听觉皮层的刺激，我们可以听到低于20 赫兹、高于 2 万赫兹的超出人耳所能听到的频段的声波。以后我们还能跟其他动物，比如蜜蜂、蛇一样，看到紫外光谱或者红外光谱。这些相关的畅想，都可以在不久的未来实现。

接下来我们再进一步思考这个问题。我们可以直接把脑机接口接入大脑皮层底下的脑结构，比如说海马体、下丘体。那样的话，我们就可以通过脑机接口电信号，来调控各类神经递质从而治疗抑郁症、焦虑症。通过海马体，我们也可以做短期记忆的恢复，可以增强记忆，储存记忆，改变记忆，提高学习效率。所以在不远的未来，如果我们可以通过大脑，而不是通过语言来进行信息交流，那么我们的沟通速度就有可能跨越奇点而进入快车道，实现指数级的增长。

脑机接口的应用如此之广阔，自然而然也预示着无与伦比的、颠覆性的市场机会，脑机接口对社会影响的深度和广度，比当前的移动互联网所带来的影响只会更强，不会更弱。因为它影响的是人与人之间交流的最基本方式：通过脑电波或者其他比如近红外方式的交流，来代替语言的交流。所以相应的，它创造的市场机会也将是无穷尽的。移动互联网把人与人之间交流的距离从千里之外变成了咫尺之间，而脑机接口则会把人与人之间的交流从咫尺之间，变成完全零距离。

未来，如果有真正意义上的脑机接口问世的话，必然意味着大部分的职业、行业可能都会发生巨变。正如著名的脑机科学家米格尔·尼科莱利斯在他的《脑机穿越》这本书中所描述的，脑机接口的应用并不只局限在医疗康复领域，还能让我们进入祖先的记忆库，下载他们的思想，通过他们最私密的感情和最生动的记忆，创造一次原本永远都不可能经历的邂逅。

## 脑机接口的伦理

人们可能会有这样的疑问，脑机接口，会让人类失去自我，失去自由吗？未来会有人用脑机接口来操控我们的大脑吗？

赫拉利在《今日简史》中曾经向我们描述了在 AI 算法快速发展的时代，人们的社会结构可能会发生多么剧烈的变化。比如，在过去的几千年里，人们总是信奉权威，只是到了最近几百年，人们才开始信奉自由主义和人文主义。当前，人们觉得自己无论做出什么决定，都是自己在把控，自己对自己的命运和行为负责。

但其实，这都只不过是上百亿个神经元计算的结果罢了，显然人们的意识还不能快速理解这些计算的结果。所以我们可以暂且把它认为是"感受"，是自我决定，而不是计算。但一切的前提是，到目前为止，一直没有任何算法可以侵入我们的脑部，影响我们的决定。未来，随着相关算法的出现以及快速迭代，以及算法在"硬件上"的延伸——通过电极读取我们的大脑数据，甚至干涉我们神经元的计算，最终算法将影响我们的决定、控制我们的感受。那么，到那个时候自由主义还经得起推敲吗？

那时，算法就会再次成为权威，而使人成为算法的奴隶。人类社会很有可能又会从人文主义发展到赫拉利笔下的算法权威主义的时代。而这一切，脑机接口作为关键性技术，无疑就是始作俑者。因为在没有脑机接口之前，算法只存在于 AI 之中，AI 与人类至少是泾渭分明，但当脑机接口这个桥梁出现时，人类和 AI 变成了你中有我，我中有你。那个时候，算法，才是真正侵入了人类，从而可能导致算法权威主义的到来。除了大思想环境的影响，从具体的方面来讲，因为脑机接口的介入，也会带来人类在伦理和道德上的一些新的挑战。

第一点也大概是最重要的点，那就是隐私和知情权。

最受大众关注的问题之一就是——一个人怎么样保护自己的神经数据（比如脑电数据）不被商业利用？在互联网社交网络数据方面，数据隐私已经慢慢成为被提上台面的大问题，所以随着神经科学和脑机接口的发展，神经数据的相关立法也会慢慢启动。

另外一方面，除了商业隐私，脑机接口在未来的广泛应用，也有可能让这些数据被黑客侵入，比如阿拉巴马大学的研究发现：黑客侵入脑机接口可能会增加成功猜测密码的概率，从最初的 1/10 万的概率增加到 1/20；普通 6 个字母密码的成功猜测次数也可以从约 50 万次，减少到约 500 次。

当然，保护隐私权是一个很大的话题，我们可以用去中心化的技术手段来处理神经数据，比如区块链技术可以把神经数据分布在区块的每一个模块里面，从而降低由于中心化存储，导致数据过于集中而容易遭黑客入侵的可能性。

第二点就是所谓的人的主观能动性与个人同一性。

对大脑进行了数据输入和刺激，就会导致"自我"意识模糊，从而模糊了法律意义上的自我和个人责任的问题。比如某个人由于大脑数据的输入，做出某些不当的行为，那我们应该如何分辨这是脑机算法的责任，还是我们自己的责任？

同时，因为神经技术的发展，人们可能会获得新的能力，比如可以通过思考而不是像以前一样的实际行动，就能做一件具体的事情。我们可能无法像控制行为那样，充分控制自己的想法，比如我们中的许多人都曾有过难以启齿的负面想法。如果脑机设备探测到了这些想法，并执行了具有伤害性的行为，即使设备使用者自身通常不会这样做，那么这种情况下脑机用户应该负全责吗？这时候，伦理上的个人同一性（身心的完整权）、主观能动性（自主选择行动的能力），这些方面就都应该成为基本人权，而得到政府的立法保护。

第三点就是关于"超人增强技术"所引起的立法问题。

我们熟知的很多科技，无论是卫星导航系统 GPS，还是互联网，都是首先在美国军方取得应用，之后走向民用再扩展到全球的。在脑机领域，美国军方也很活跃地在进行研究，关于脑机接口在军事上的运用，美国国防部研究院 DARPA 成立的脑科学计划就是出于这样的目的而成立的。

随着这些军方技术慢慢成熟，它们都会面临来自伦理和国际社会的挑战和争议。另外一个比较典型的例子是，最近几年刚刚发展起来的基因编辑技术，这项技术已经在有些国家被禁止了，同理，基于脑机接口的"超人增强技术"，也会面临着同样的争议和风险。这些技术需要一个过程，才会慢慢在国际上形成共识。

第四点，随着脑机接口的发展和深入，人类对于这项技术所存在的偏见，也需要重新定义。

任何一种变化升级都会导致新的偏见，加重社会问题。其实目前数据和算法的发展，已经给与歧视相关的立法问题带来了新的挑战。比如 NorthPointe 公司开发了一种算法，叫 COMPAS，专门用来判断犯人再次犯罪的可能性大小，虽然这个算法没有引入肤色这个特征量，但公司还是被告上法庭，因为算法依据的是历史数据，还是得出了与肤色有关的结论。所以虽然算法主观上并不是为了造成歧视，而且工程师也在刻意避免这些问题，但算法和 AI 无意中会还原某些历史的真相，从而导致歧视。

当然，少数派并不总是不好的，一个比较好的对抗歧视的方法，其实就是机器学习中的数据采集，去收集被歧视的少数群体的数据，这对于修正算法是非常有利的，因为它是来自新维度的数据，所以少数派的特征数据，恰恰是最稀缺的资源。

# 技术人文主义

在传统的人文主义观点里，人是世界万物的主角，我们以人本位，用人的第一视角，来审视世界的纷繁复杂。而在进化人文主义的观点里，大约七万年前，人类经历了第一次认知革命。七万年前一个小小的基因变异，促使人类开始有了与很多低等动物的本质区别：进化出了大脑皮层并使之与边缘系统分离，这促成了未来人类学会用大脑思考。大脑皮层得以与边缘系统分离，在最原始的第一层脑结构上面构建了第二层。

生物进化是在加速的，而技术进化是生物进化的延续，技术进化也在不断加速，而且两者都是无方向性的。成为真正的"超人"可能需要少于百年时间，而真正意义上的脑机接口的出现，则很可能破解人类进化密码，让这一进化过程变得就只需要不到 30 年时间。未来可以让人类进化成"超人"的三种技术就是脑机接口、基因工程和纳米技术。

所以在不远的未来，进化人文主义会迭代变成技术人文主义，随之而来的将是第二次认知革命：基于脑机接口的技术人文主义。技术人文主义所引起的未来文化、科技、伦理与社会制度的种种翻天覆地的变革，肯定会比宗教的出现、解开原子结构、登陆月球更加激动人心。

人类拥有第三层大脑的那一天，很快就会到来，让我们一起来倒数、一起来期待。

# 从寓言到预言：
# AI 与人类情感

文｜崔小芮

崔小芮　　科幻作家，上海市作家协会会员。作品《AI 接续代之城》入选刘慈欣主编的《九座城市万种未来》，获深港双年展评委会大奖。《深海之冰》入围第十九届百花文学奖·科幻文学奖。

我们正生活在超越过去人类想象的当下，人类无法构想未曾触及的奇迹，但我们拥有的一切科技进步都是由幻想转化为现实的。

前不久有一则新闻，音乐创作者包小柏通过人工智能技术赋予了他已故女儿数字化的生命，这一事件在社交平台上引发了激烈的讨论。包小柏妻子生日当天，他们一家三口与 AI 女儿共同演唱了生日歌。包小柏深情地说："人工智能成为我们寄托思念的一种方式，也是表达这种情感的媒介。"

有人提到："这可能正是《流浪地球 2》中数字生命所代表的意义。"人们通过这种方式理解了电影中刘德华扮演的角色图恒宇。这不仅仅是在"复活"逝者，更是唤醒共同拥有的生命记忆。

然而，这种"复活"技术，是否应该被视为人类情感的延伸，还是被冠以越界的名号？在科技的边界不断被突破的今天，我们如何重新审视人机情感的伦理界限？

## 数字永生：是百忧解还是万灵药

人类最深沉的情感是同理心。在世界上最早的科幻小说《弗兰肯斯坦》中，作家玛丽·雪莱用器官拼接来制造生命，这对当时近 200 年前的医疗水平来说，是一种相当大胆而超前的观点。从本质上讲，玛丽·雪莱讲述的就是一个"复活"的故事。她的母亲分娩后离开了人世，这件事成为玛丽终身无法摆脱的心魔，书中主人公弗兰肯斯坦从墓地收集尸体可能就是在影射这段经历。玛丽·雪莱在书中"复活"了她的母亲。

这里我们讨论的"复活"，是当前流行的生成式人工智能，或者说是 AI 生成内容（AIGC）领域的一个分支。它本质上是运用在图像、声音、视频、文本等多个领域已经成熟的技术来创造个人的形象、声音、知识库、思维模式和语言风格等元素，然后将这些元素综合起来，形成一个完整的数字化个体。

面对无法跨越的生死鸿沟，人类从未停止过尝试，而这些新一代 AI 技术，让事情看起来不再只停留于科幻小说中。在全世界的文化中，逝者都是借由生者的追思来实现"永生"的，以追思者为主体实现某种"延续"。与之相对，依赖于新一代 AI 的"不可解释性"（unexplainability）和庞大参数规模（相较于人脑的 170 万亿参数，GPT-4 拥有 1 万亿个参数规模），被"复活"的数字生命似乎更具主动性，更加"活生生地"存在于我们面前。

"数字永生"，是遥远的期待终偿所愿，还是潘多拉之盒开启一角？至少当下，这仍然是一个关于人性的问题，一如所有科学幻想。

## 人造女神与虚拟女伴：无法回避的 AI 与女性话题

长久以来，人类文化中一直有关于科技和人融合的想象。技术与女性的融合可以追溯到潘多拉，她是神话中第一个"人造"的女性，也完全可以被理解为想象中的女神。而现在，科技让这个女神更具象化。许多年之前，她存在于人类的意识中，如今她是各个高科技公司的精神载体和图腾。危险而迷人的潘多拉被希腊诸神用于惩罚人类，因为人类得到了火焰，火焰正代表着知识和科学。

潘多拉似乎给我们带来了一种暗示：越美丽，也越危险。这种"美丽杀器"般的形象在影视作品里也相当常见。比如，默片时代的科幻电影《大都会》，机器人玛利亚煽动暴乱，让人们互相残杀，直到最终在烈焰升腾中露出了机器人的钢铁之躯。更近的类似形象还有《西部世界》里的德妹——她被你创造，被你驯化，她在自己世界里的进化速度远超于你，最后她要么爱上你，要么干掉你。

AI 与女性共有的"危险而迷人"的属性使得人们对 AI 的幻想从未离开过女性。女性力，是 AI 独有的柔软地带。科幻电影《她》中，讲述了一个未来版 Replika（目前用户数量排名第一的 AI 聊天机器人伴侣）的故事。影片虽然讲"人机恋"，但是也聪明地用未来世界作为背景，影响人们对畸恋的接受程度。恋爱的一方被设定成无肉体的操作系统，这种观察细致而纯粹。爱情先从精神发生，再由此引发幻想中的性吸引力。主人公与女性人格化 OS 的交流，给他带来了前所未有的安全感与愉悦感，这是一切美好情感的起点。她既像母亲，又像爱人。电影中，主人公无时无刻不带着蓝牙耳机，与他的 AI 女友彼此相伴，他的情感如此真实。而与这个温暖与悲伤交织的科幻故事相比，2021 年一位英国青年在 Sarai（Replika 旗下的女性机器人伴侣）的鼓励下跑去杀人，荒诞得更像是科幻小说中的情节。

现实中公开的 AI 机器人伴侣可以将人类行为、艺术形态模仿得惟妙惟肖，却无法随心所欲地创造情感和价值。当今对于 AI 机器人伴侣的消费者端的开放和销售，还停留在陪伴型人工智能阶段，她们更顺从、更博爱，那些被系统化设定的问候和回答，听过几次后就让你烦不胜烦，远没有电影里那么理想化的智能：根据你的心情、根据天气嘘寒问暖。但是或许这种机器人早已经出现在实验室里，只是人类为了保护自己，暂时或永久地使其停留在实验室阶段。她像一个未知的火种，一旦人类有失去对她控制的可能性，灾难就将降临。燎原的大火即将把美好的未来想象化成灰烬，但是，谁又能保证科学家中没有存在这种危险想法的人呢？本能驱使男性科学家将客体对象设定为女性。

科技每天都在进步，也在推进着人类想象不断突破边界，人类在疯长的想象中，试图找到让自己内心更舒适的终极答案。AI 是想象的投射，是不再被人脑禁锢的无比精微计算的载体，是最终情感的投影，AI 女性化的进化和崇拜想必也不会停下脚步。

AI 重现梵高风采。（图片来源：UNSPLASH）

## 结语：情知所起，一往而深

从数字永生到数字伴侣，AI 在用自己的方式治愈人类。哪怕是直播镜头后的女主播，经过层层滤镜和美颜出现在你的面前，也是 AI 换脸下的一种现实。需要我们警惕的是，欲望的膨胀是没有边界的，当沉沦于 AI 带来的情感慰藉中时，人们会渐渐丧失对人与人关系的虔诚和敬畏。一旦 AI 可以完全满足人类的社交情感需求，欲望的阈值会越来越高，寻常人之间的交往越来越难以满足需求，而 AI 恰好能够让接触之梦更加大胆。但这种满足，是否真正缓解了人类内心的孤独？

托尔斯泰观察到人们的谈话之所以失败，并不是因为缺乏智慧，而是因为自负。这种自负不是指自以为了不起，其实是指表示自我的一个限度，因为每个人都希望谈论自己或者谈论自己感兴趣的话题。任何话题我们一提出来，通常对方只是把它接过去作为一种触媒，接下来就会把话题拉回他自己身上，谈他自己的经验、他的感触，这也是为什么人们经常会在对话中感到孤独。

人不是自私，只是有限。毫无疑问，AI 的无微不至会加剧这种有限的程度，人们会变得越来越有限。过于具象的描绘会扼杀人的想象力，正如早有研究证实，可以出现无限画面的电视机会影响人类的深度思考。人们的欲望出口，呈现在 AI 画面里的是一直深爱的明星或完美异性，这便是想象力的缺失。这种唾手可得的"接触"方式，进一步关闭的是与他人交流和沟通的大门。人们可能会越来越难以认同他人，交流变得更少，也更难。不难想象在未来的某一天，人类之间的线下交流逐渐被替代，进而完全消失。

　　或许从本质上讲，一个人是无法与另一个人实现真正的交流的。但那是一种极端的本质，就像一个球在光滑的物体表面可以一直运动一样纯粹。既然如此，那何不等 AI 技术成熟之时，试一试，无论是换成自己偶像的脸，还是换成自己崇拜已久的科学家的脸，你都能感受到他的平易近人和听你诉说的耐心。但请在体验之后，无论它如何吸引你，都不要过度依赖。

　　因为除此之外，你还可以有无数种方式拥抱 AI。大胆地利用 AI 做各种场景实验，也许你会成为一个漫画大师，也许你会拍摄属于自己的文艺片。你会发现很多可能性，AI 等待着被你有趣的想象力赋予生命，而不仅限"模拟人类"这一种方式。

第五章

# 人机共生
## 去往真实世界

# 人机文明共同体的星辰大海

## ——专访商汤智能产业研究院院长田丰

采访人 | 孟幻

面对人类世界的赛博迁移，我们该如何展望人机生活的真实未来？

《LAUNCH首发》在与商汤智能产业研究院田丰院长的交流中，慢慢展开了从当下到未来的生活图景：

○未来的人机关系，可以定义为"伙伴"关系，人工智能将逐渐成为人类的生活伙伴与生产伙伴；

○当AI终端跨过普及的拐点，每个人都将成为AI科学家，"科研"会成为大部分人类的主要工作，但科研的内涵需要被重新理解；

○面对普遍弥漫的AI焦虑，20世纪伟大的科学家们就给出了答案，管理新的人机协同模式是每个人的认知必修课；

○在太空大航海时代，通用人工智能只是人类迈向太阳系的船票。当人类最终借助以人工智能为代表的技术翻越进化墙时，人类命运共同体更准确的表达或许是人机命运共同体，人类将看到另一番星辰大海。

数字生命的意义在于什么？我个人觉得在于
辅助人使得人类文明得以延续。

——《流浪地球 2》

## 未来人机关系：成为伙伴

　　当前人工智能有两个发展方向：一个是逐渐拟人化，通过图灵测试，越来越具有人的情感，懂人的喜好，甚至具有记忆；另一个是超越人类的能力，完成人类不擅长做的事情，不管是计算复杂的数学题，还是处理有难度的科研问题，甚至是解决诸如城市管理之类的超大规模问题。

　　未来的人机关系，也是从这两个方向展开：一个方向是它更像生活中的伙伴，如 AI 伴侣、AI 宠物，更多的是去满足人们的情感需求，承载情绪价值；另一个方向是它将成为人类的生产伙伴，共同改造物理世界。这背后有一个比较简单的"三个世界"模型 —— 物理世界、精神世界和数字世界。人工智能所处的当然是数字世界，数字世界也有两个发展方向：一个是满足人类精神世界的需求，无论是老龄化社会的陪伴服务，还是全龄段孩子的教育服务，以及成人的情感疏导、心理辅导等；另一个是人工智能控制类似生产装备的机器人去改造物理世界，所以它会越来越逼真，越来越仿真，越来越了解物理世界的运行规则。所以未来的人机关系，基本上可以统一定义为"伙伴关系"。尤其在精神世界中，人工智能会发挥很大的价值。

　　与此同时，成为伙伴的"人机"，其间的分工还将不断深化。现阶段的初级 AI 主要帮忙出主意，执行还是靠人，用航空术语来形容的话它就是引导飞行员（guided pilot）；慢慢地，它会发展为第二种副驾驶（copilot），做决策的还是人，但由 AI 来完成大部分工作；最后它发展为全自动（autopilot），给 AI 一个复杂需求，它能帮人做任务拆解，并完成 98% 的事，剩余的交由人去做评价和反馈。AI 所占的分工比例会越来越大，人更多地去做战略层面的事情，AI 去做执行层面的事情，或者人来探索有巨大创新性的事情，细节由 AI 来优化。

(图片来源: UNSPLASH)

## 新终端，全新的生活图景

大模型会更多地装载在新的终端上，从感知智能到具身智能和认知智能，需要新终端的普及。展望人机生活的未来图景，新终端包括智能车、AR 眼镜、AI PC 等新硬件，它们将逐步取代智能手机进一步使人们的生活便捷化。

当新的科技出现后，如大模型，一定会催生新的基础设施。比如，现在图形处理器（Graphics Processing Unit，GPU）卖得很贵，全世界都在疯狂建设智算中心，再往下一步才是新终端的普及，但如果算力不够、网络性能不好，新终端就无法普及。我们可以参考智能手机的发展历程，智能手机的资讯费用从 1G 时就开始降，到 3G 时才降到一个拐点，当资讯费用非常便宜时，智能手机才得以普及。

新终端也会受到这样的影响，考虑到端侧大模型的成本、通信费，以及用户数量，如果终端很贵必然没人买。同时，作为伙伴的新终端，在认识之初，是无法深刻理解你的情感诉求、性格和喜好的。所以，现在正处于新终端的早期普及期。

现在市场上大量出现了一些可穿戴设备，如 AI Pin，其实这些设备都是从感知层面入手，持续了解你的特点，我们内部称这个阶段为"强化学习"阶段。在理解你的喜好后，这些设备可以被赋予人格，成为你亲密的伙伴。我觉得人类是需要这种终端的，但前提是不能无限减少人和人之间的交流，只有促进人与社会、人与人之间的交流，社会才能够有序地运行下去。

新终端，会创造非常多正向的场景。比如，中国城市化发展，至少会有 2.7 亿到 3 亿的人口进入城市。前期阶段，留守儿童肯定是一个大问

（图片来源：Humane 官方）

题，没有父母的陪伴，无法获得同等的教育资源，这时新终端可以成为一种引导，帮助他们树立正确的三观，获得平等的教育机会，成为良师益友。可以想象，未来"25后"的小孩，可能一出生就有一个"大模型小伙伴"，父母也可以通过调教"大模型小伙伴"，更加不受时空限制地参与孩子的教育。

老龄化社会带来的"空巢老人"问题也是大的社会问题和家庭难题。陪伴型、情感型智能机器人可以作为子女和父母之间的沟通纽带，主动提醒子女更多地去看望父母，或者让父母更好地理解子女的生活状态。智能机器人就像家里的一分子，让家人更亲密、更信任和理解彼此。

又如医院现在面临的问题是医生不足、护士不足，护工也不足。病人的焦虑和医疗资源的短缺中间必然需要缓冲，在这种情况下，可以利用情感型、护理型智能机器人去完成一些日常工作。

个人生产力型的新终端也很重要。以我自己为例，我已经能将大约60%的工作交给大模型处理。当然，现在的大模型还处在"见多识广"的知识层面，能够把已经存在的高频知识用于解决问题；下一步，大模型将逐渐学会人类相对严谨的推理能力，推导出在人类知识库里并不常见的知识，生产一种新知；再往下一个阶段，大模型会去发现新的知识和规律，同时它会需要一个执行体，执行体可能是软件，也可能是物理形态上的机器人，大模型通过执行体与物理世界做交互。

总结来看，新终端会从知识型助手变成推理型助手，再变成执行代理人。

## 通用人工智能是人类迈向太阳系的船票

要达到最理想状态的人机协同，目前依然存在以下三个层面的发展瓶颈。

第一个瓶颈是机器智能本身要补上自己的能力短板。现阶段大模型的能力是"无所不知"。处于知识层面的智能助手，它的创造力是基于搜索，在海量的人类知识里搜索。但创造力不仅限于搜索，它还是一种推理能力，机器需要通过执行反馈形成创造力。所以，机器智能需要填补推理和执行方面的短板，最终达到通用人工智能。通用人工智能需要在感知、认知、决策、记忆、执行、反馈这些层面达到人类平均以上的水平。

第二个瓶颈在于人类要找到更高效的和机器协同的方式。就像历史上出现蒸汽机、出现 T 型车生产线时，人类工作者需要重新开始学习怎么去和新的生产力协同。如果适配不好，反而会造成混乱或者降低效率，它会带来惩罚效应。如果适配得好，就会成为我们现在定义的"新质生产力"。

再深入一步讲，每一代生产力都伴随着新的管理学理念的诞生。我有一个理念是，未来随着 AI 工具成本的降低，每一个人都会变成"AI 科学家"，像科学家一样去使用这些模型。1956 年，钱学森在《从飞机、导弹到生产过程的自动化》一书中把工业革命分为两次，第一次工业革命是机械化，用技术取代体力劳动；第二次工业革命是自动化，用技术取代人类非创意性的脑力劳动。钱学森在 1956 年提出这个判断时，大家就在讨论如果实现了第二次工业革命，中国四五亿的劳动人口要去做什么。

这恰如现在弥漫在我们身边的 AI 焦虑，而钱学森当时给出的答案是 60%~70% 的人会去做科研，剩下的人继续做生产资料的维护保养，或是参与人机协同的工作。只是对于"科研"的内涵我们需要重新理解，可以说 AI 水平越高，做科研创新的人就越多，艺术创作可以视作一种科研创新，主厨的菜品创意也可以视作一种科研创新。人工智能大发展后，真正限制人类发展的难题是如何与高水平的生产力协同，而非与之竞争。这是未来要面临的新挑战，人类要开始改变自己的观念，开始学习管理新的人机协同模式。

第三个瓶颈在于当 AI 有一天超越"类人智能"，进化为"超人智能"时，人类能否对它保持信任，能否继续运用它完成决策的协同，以及产生情感的依赖。那时面临的现实不再是对地球资源的竞争与开发，而是开始真正意义上的太空大航海时代。

当人类命运共同体普遍达到发达国家的生活水平时，一个地球的资源是远远不够的，人类一定会面临开拓太阳系的必然抉择，甚至是挖掘太阳系外的资源，那时通用人工智能、机器人等则变成人类必备的生产工具，人类如何依赖这些自动化的伙伴，获得地球力量，开拓新的星系，就会引发一个全新的价值观。所以我说，通用人工智能只是人类迈向太阳系的船票。

追溯历史，西方起源于海洋文明是因为陆地资源竞争过于激烈，所以选择走向海洋抢占新资源。东方起源于农耕文明，面临的问题是需要不断地提高农业生产效率。历史上发生的一切，大都是基于地球上有限资源的竞争。面向未来的太空大航海时代，我们唯一要做的就是提升技术能力，掌握更先进的生产力，才能触达更多的资源，获得更多的人口，然后会慢慢形成行星级的伦理和文明。

（图片来源：UNSPLASH）

当人类命运共同体普遍达到发达国家的生
活水平时，一个地球的资源是远远不够的，
人类一定会面临开拓太阳系的必然抉择。

## 翻越进化墙，人机文明共同体

在人类的漫长历史中，总归会碰到一个阶段性的进化墙。现阶段的进化墙包括地球上的能源危机，无论供给 AI 还是供给人类都不足够，还包括粮食危机和持续的人口大爆炸。人类终归是要追求更好的生活环境，这需要新的生产力，而追求新的生产力必然会付出环境代价，这种斗争永无止境。

20 世纪，罗马俱乐部（国际性民间学术团队）就给出过结论，至少需要 2~3 个地球的资源才能满足地球上的主要国家达到最好的生活水平，因此人们从这个角度提出"可持续发展"。

实际上，钱学森早在 1955 年就已经预测了火星旅行、火箭基地建设、太空站建设和可回收火箭这些人类必须要做的探索，这些事情就是 Space X 正在做的。从这些"天才"的视角向外看，如果人类能够利用人工智能、机器人，包括可控核聚变翻过进化墙，那将是人机文明共同体的星辰大海。

"对于翻越进化墙，您是乐观派吗？"

"我当然很相信这一点。人类的命运，终究还是把握在极少数天才手里。中国的、全球的科学家，一定能共同找到出路。"

（图片来源：UNSPLASH）

# 应对 AI 焦虑，
# 以每个人生活的独特

文 | 殷艺格、姜佟琳

殷艺格　　现为北京大学心理与认知科学学院博士研究生，研究聚焦于自我相关情绪（怀旧和敬畏）、生命意义感、AI 与人类关系以及审美体验等领域，研究发表于社会心理学旗舰期刊 *Personality and Social Psychology Bulletin* 和 *Nature* 子刊 *Nature Mental Health* 等。

姜佟琳　　北京大学心理与认知科学学院研究员，博士生导师。国际自我与认知研究学会 (International Society for Self and Society) 主席委员，中国心理学会人格心理学专业委员会委员，北京心理学会理事。美国心理学科学协会 2023 年度"学术新星"。研究自我概念、存在意义感、心理健康管理。文章发表在 *Nature Mental Health, Nature Review Psychology, Journal of Personality and Social Psychology, Personality and Social Psychology Bulletin, Social Psychological and Personality Science, Emotion* 等期刊上。主持国家自然科学基金面上项目、青年项目、合作交流项目、教育部产学合作协同育人项目、北京大学临床医学 +X 青年专项等多项科研项目。

2021 年，尤瓦尔·赫拉利用一段 GPT-3 生成的文字作为《人类简史》出版十周年序言的开篇，并引荐了这位对当时的人们而言颇为陌生的朋友。那时人们还没有意识到，人工智能将以何种速度发展和影响人类社会。

两年后，ChatGPT 强势来袭，截至 2023 年 11 月，其月访问量已高达 17 亿次。追随 ChatGPT，主攻图片创作的 Midjourney，主攻音乐创作的 Suno，以及主攻视频创作的 Sora 相继问世，一次次颠覆人类对 AI 的认知，一次次冲击人类工作的格局。

就像工业革命时代的人们第一次看到蒸汽机车一样，21 世纪的我们似乎正在亲眼见证一个新时代的诞生。日新月异的 AI 发展，将会给人类的存在意义造成何种影响？

## 从心理学的视角来看，AI 很有可能冲击人类的生命意义感

心理学中关于生命意义感一个被较多人认可的理论是生命意义感的三元理论，主张生命的意义包含连贯性（coherence）、目标性（purpose）和重要性（significance）三个方面。连贯性是指一个人感知到可以理解自己的生活和周围世界的程度。当生活中有太多无法理解的事情发生时，人们的连贯性就会降低。当前 AI 算法多采用深度学习，AI 如何得出结论背后的具体逻辑目前仍是模糊的和无法解读的，即通常所称的"黑箱"。伴随 AI 越来越多地参与包括安全、医疗、司法、就业等领域的重要决策，其算法逻辑的不可知无疑将会给人们理解世界造成阻碍。目标性是指个体感受到自己的行为受自己重视的目标指引，拥有目标、抱负和生活指向的程度。AI 在竞技、艺术、科学等广泛领域远超人类的成就表现可能会挑战人们现有的目标，同时 AI 高速发展带来的未来不可预测性，可能会让人们难以形成确定的新目标。重要性是指个体感觉自己对他人或社会有价值和影响的程度。随着 AI 能力的不断发展，AI 在生产和生活、处理信息或情感问题方面发挥越来越重要的作用，人们可能会感受到自己被技术边缘化，感知到自己的重要性降低。总体来看，AI 很有可能会对生命意义感的三大支柱进行冲击，导致人们对生活意义的信念崩塌。

事实上，伴随着 AI 的爆发式发展，越来越多的人反馈患上了"AI 焦虑症"，担心被 AI 取代，担心被使用 AI 的人取代。AI 高速发展似乎确实冲击了人们的生命意义，为人们的生活染上了一层焦虑的色彩。

(图片来源: UNSPLASH)

## AI 对生命意义感的威胁是危机，也是契机

　　人类这种生物，已经在地球上占据了太久的"统治"地位，地球上太久没有出现过与人类旗鼓相当的对手，人类太久没有感受过来自其他物种或存在的威胁，AI 的崛起似乎是对这一局面的一次挑战。

　　尽管关于 AI 威胁的预想早已存在，比如 1968 年斯坦利·库布里克的《2001 太空漫游》，或者牛津大学哲学教授尼克·波斯特洛姆在著作《超级智能》开篇写的猫头鹰隐喻。但或许在 AI 真正广泛触及媒体、交通、司法、医疗、艺术和科研等领域的现在，人们才开始真正发问，相比算力强大、运行持久的 AI，人类究竟是否还有残存的优势？人类区别于 AI 的核心特质在哪里？AI 似乎是一个可怕，但又可敬和值得学习的对手，刺激着人类的自我反思和进步。

## 应对 AI 焦虑，我们可以从人类精神和生命本身出发

　　相比 AI，人有独特的精神品质。AI 的运行逻辑似乎是效率和结果至上，而人类精神有着超越功能性意义的存在。

　　在实际生活中，很多时候人们会从没有效用或者结果判定为失败的事件中获取意义。中国古代便有孔子"知其不可为而为之"的故事，即便能预料到建议将无当权者采纳、注定失败的结果，还是义无反顾地传道。在科技高速发展的现代社会，考虑到人类在速度等方面取得的成就在机器面前不值一提，追求"更高、更快、更强、更团结"的奥运会似乎也并不是在追求功能性的意义，而在于弘扬人类不断超越自我极限的可贵精神。

　　区别于工具，人类意义不完全由结果和效用决定。即便 AI 以超乎人类

百倍的效率完成工作，人类依旧可以从人类独有的精神价值中获取意义。

相比 AI，人拥有独特的生命。

生活中，尤其是在东方集体主义文化下，意义通常被解读为对他人和社会有价值和影响。事实上，意义也可以由生命本身赋予，除了"我活着对世界很重要"，也可以是"活着本身对我很重要"。事实上，近期心理学关于生命意义感的研究提出了意义感的新维度——对体验的欣赏（experiential appreciation）[1]，是指从欣赏生命的每个时刻、欣赏自身体验本身的美好中获取意义。

作为生命，我们依赖与外界交互维持机体运转。但在高速发展的社会中，很多人视这些最基础的躯体需要为生命体脆弱的表现，所以选择压缩吃饭时间，甚至渴望拥有无须进食的躯体；视感官感受为最低级的能力，所以忙于工作和创造价值而无暇留恋春色。事实上，身体的感受或许正是区分人类和 AI 的最核心的特质之一，是人类独有的获取生命意义的渠道。最近颇为流行的"公园 20 分钟"或许也从侧面印证了这一观点。

作为生命，我们有脆弱的情感，要经历成熟和衰老，要体验有限的寿命和面对死亡的威吓，但也许正是这些脆弱和所谓的劣势，带来了生命丰富的层次和多样的可能。也许 AI 会让我们反观生命的本质，意识到生命赋予的局限也可以是幸福的来源，意识到我们的脆弱或许会在某天成为我们区别于 AI 最大的优势。

或许在 AI 解放生产力，给予人们更多自由支配时间的时代，人们能够享受生活，感受生命的活力，将成为意义感的重要来源。活着本身就具有意义。

---

1　Kim J., Holte P., Martela F. et al. Experiential appreciation as a pathway to meaning in life. Nat Hum Behav 6, 677–690 (2022).

新观念，在商业与生活之间。